U0070434

從來就沒有懷才不遇

知道自己是什麼咖，成為最夯的獵才目標

蔡賢隆　著

——為什麼明明是同班同學，別人能進大公司你卻不行？

——為什麼老闆只提拔同事，卻總是忽略自己？

——人生好難，工作順利真的是不可能的任務嗎？

崧燁文化

目錄

目錄

目錄

尾篇：最後的忠告

內容簡介

本書為年輕人指出找到理想工作的條件，老闆要找的六種人是：盡忠職守的人、主動進攻的人、勇於挑戰的人、團結合作的人、處世靈活的人、知恩圖報的人。

優秀的人總會以良好的職業道德和上進的工作精神去開拓自己的人生天地，成功也只屬於這樣的人，這樣的人也不抱怨老闆或公司的苛刻，他們對自身的嚴格要求甚至超出常人的想像。如果說「我沒有做事的機會」、「我無法就職於那家大的公司」這些永遠是失敗者的藉口。

從現在起，停止抱怨生活，加快行動的步伐吧，一切從自我做起，從點滴做起，從培養最基本的從業素養做起，從閱讀《老闆要找的六種人》一書做起，做一個熱愛生活、熱愛工作、熱愛你的老闆的優秀的那種人。

前言

現實生活中，總是聽到很多人抱怨工作難找，或公司環境不好，或老闆不會用人等等。事實上，讓自己成為一個公司不可或缺的人，成為老闆正在尋找的人，並不是什麼天大的難事。很多人並不從自身尋找原因，總是終日喋喋不休於外事外物對自身的影響，但這對改善自身的工作環境、提高工作效率，百分之百無濟於事。

社會上有許多失業人口，看起來像市場勞動需求不足，但實際的情形卻是存在許多職缺，求職網站或公司招聘公告上都貼著「誠徵員工」的廣告。企業要招聘那些素養更好、技術更高的員工，而出色的領袖只有人格非常完善的人才能勝任。

一名年輕人，如果既無閱歷又無背景，只有自己可以依靠，那麼他最好的起步方法是：首先，獲得一份工作；第二，珍惜你的第一份工作；第三，培養勤奮、忠誠敬業的習慣；第四，認真學習和觀察；第五，要努力成為不可或缺、舉足輕重的人；第六，成為一個謙虛、有修養的人。

優秀的人總會以良好的職業道德和上進的工作精神去開拓自己的人生天地，成功也只屬於這樣的人。這樣的人也從不抱怨老闆或公司的苛刻，他們對自身的嚴格要求甚至超出了常人的想像。說「我沒有做事的機會」、「我無法就職於那家大公司」、「這簡直糟透了」，這些永遠是失敗者的藉口。

從現在起停止抱怨生活，加快行動的步伐吧，一切從自我做起，從點滴做起，從培養最基本的從業素養做起，做一個熱愛生活、熱愛工作、熱愛老闆——一個優秀、必不可少的那個人。

盡忠職守、主動進取、勇於挑戰、團結合作、處世靈活以及知恩圖報——這些都是這個時代的迫切要求。

編者

你曾經或現在屬於這樣的人嗎？

◎投機取巧的人

我們常常可以在一些公司看到這樣的情況：員工總是抱怨老闆的苛刻和公司制度的嚴格，有一種被監視的感覺。而老闆也埋怨員工工作拖沓、不盡力，似乎沒人監督就不能正常工作。

在現代社會中，投機取巧的大有人在，這是任何公司和組織都無法迴避的問題。一方面的確有苛刻的老闆存在，但換一個角度來講，員工是不是也應多做自我檢討呢？

很多人對老闆的苛刻和公司制度的嚴格的抱怨，更多的原因是：他們因為慣於投機取巧而吝於付出與成功相對應的努力，他們渴望達到事業的巔峰，卻又不甘願走艱險的道路；他們渴求勝利，又不願為勝利做任何一點犧牲。而有的人之所以能夠成功，恰恰是因為他們能認知這種普遍的社會心態，並極力的超越它們，獲取成功。我們來看這樣一個故事：

一隻幼蝶在繭中苦苦掙扎，而一個人出於憐憫，用剪刀將繭剪掉了一些，使它輕鬆的爬出來，他以為他幫助了幼蝶，然而沒過多久，這隻幼蝶竟然死掉了。

你曾經或現在屬於這樣的人嗎？

幼蝶之所以在繭中拼命掙扎，是為了使身體更能承受打擊，使翅膀更加有力，這是它生命歷程中不可或缺的一部分。那種投機取巧幫助它的辦法，反而害了它。同樣的道理，也許你可以透過投機取巧在工作中獲得一時的便利，但從長遠的角度來看，卻為你的品行的形成和職業前途埋下憂患的種子，對你以後的職業發展毫無益處。

古羅馬人有兩座聖殿，分別是勤奮的聖殿和榮譽的聖殿，在安排座位時，他們有一個規則：必須經過前者，才能達到後者，榮譽的必經之路是勤奮，試圖投機取巧想繞過勤奮就到達榮譽的人，總是被榮譽拒之門外。

許多生活中的實例證明，不管大事小事。如果總想投機取巧，表面上看，也許會節省一些時間或精力，但最終往往會導致更大的浪費。而且，投機取巧和無所事事勢必會令人退步，只有努力而勤奮踏實的工作，才能帶給人真正的幸福和快樂，並為個人的職業發展打下良好的基礎。

一個做事不能善始善終的人，他的品行和心靈也缺乏這樣的特質，他無法堅定意志，也就不能實現自己的追求，既想修道，又貪圖享樂，自認為八面玲瓏而又左右逢源的人，最終不但兩頭落空，還會後悔不迭。

從古至今，很多個成功人士也曾告誡我們：「一個人要想獲得成功，竭盡全力、力求完美是不可少的；而投機取巧只會害了自己。那些有所成就的人，他們身上都有一種優秀的品格，那就是力求完美，並且努力摒棄投機取巧的惡習。

◎輕率疏忽的人

粗心大意、莽撞輕率是很多人做事失敗的原因。

許多員工做事不求上進，只為完成指標，儘管他們外表看來很努力、很敬業，但結果並不令人滿意。那些管理許多員工的企業老闆，對員工這種懶散的態度也很無奈。因為這種懶散、馬虎的做事態度似乎已經變成了一種常態，除非採用各種方法苦口婆心的勸說、威逼利誘，或者突然出現奇蹟，否則，他們就不能以百分之百的努力狀態把事情認真、仔細的完成。

很多人在未進入社會角色之前，已經形成了粗心、魯莽等惡習，而當他們進入社會以後，就不可能出色的完成工作。他們外出辦事總是遲到，與人約會總是延誤，辦事時缺乏條理和周密性，使人們不願與他們合作，喪失對他的信心，更為重要的是，一個人一旦染上這種惡習，就會變得不誠實，遭到別人的蔑視，既包括對他的工作，也包括對他的為人的蔑視。

如果有一天這樣的人成為了管理者，他的惡習也會傳染給員工，當員工看到上司是個粗心大意的人，他們就會競相仿效，降低對自己的嚴格要求。這樣，每個人的缺陷與不足會滲透到工作中，蔓延到公司裡，影響公司整體事業的進程。

很多公司一直反覆強調著這樣一句話：「在這裡一切要求盡善盡美。」如果每個人都能這樣做，恪守這一格言，不知道他們自身的素養能夠提高多少倍，甚至能使許多災難得以倖免！

我們在做任何事的時候，如果都力求完美，不但會使我們的工作效率和工作品質都提高，也能樹立我們高尚的人格。

有這樣一位管理著上千名員工的經理，他以前只是一家傢俱店的學徒。他的認真仔細，有時連店主都覺得過頭，但他這種不滿足於良好狀態、凡事都要求完美的性格，使他一有空閒，就研究修理傢俱，並且掌握了修理傢俱的精湛技術。正是由於他這種性格和習慣使他登上了事業的高峰。

在你工作時，你就應要求自己做到盡善盡美。如果你不願淪為一個被藐視的員工，那就應以一個奮鬥者的姿態，努力做到最好。

◎淺嘗輒止的人

在現代生活中，一個公司如果沒有核心能力，將會逐漸走向倒閉，而不具備核心能力的人，也將注定只會拿固定薪資，不會有太大的職業發展，你是不是會成為這種人？有幾個問題你不妨回答一下：

- 你是否正遵循正確的道路？
- 你是否仔細的觀察和研究過你每一個工作細節，就像木匠仔細研究他的櫃子尺碼，力求達到盡善盡美？
- 你是否致力於為公司創造更多的價值？為了這個目的，你有不斷的開拓自己知識的廣度，並認真閱讀過相關的專業書籍嗎？

從來就沒有懷才不遇

知道自己是什麼咖，成為最夯的獵才目標

- 你做的每一件事都盡心盡力，並力求完美嗎？

如果這些問題，你不能做出肯定的答覆，那說明你沒有做得比別人好，也沒有超越他人，從而，你也該明白為什麼你比別人聰明卻總是得不到升職的機會。看到上面的問題，就更應自己反省，努力做到完美。

事實上，我們應更深入的探索和學習我們所涉及領域的知識。只是膚淺的了解一些知識和經驗，那是遠遠不夠的。正如一位出色的企業家說：「『萬事通』在我們那個時代可能還有機會施展，但到現在已經一文不名了。」掌握幾十種職業技能，還不如只精通其中一兩種，什麼都只知道一點，還不如在某方面懂得更深入，因為如果你不能做得比別人更好，就不能妄想超越他人，也無法形成自己的核心競爭能力，因為這種能力會把你和別人區別開來，使你自己在工作中變得不可取代，為你的職業生涯打下良好的基礎。

同時，要獲取這種核心能力，需要在職業生涯中做出「正確的抉擇」，而這需要一段較長時間的訓練期，很多生活中的失敗者幾乎都做過好幾種行業，可如果他們能夠集中精力在一個行業和方向上發展，相信就足以獲得很大的成功。

成功的祕訣之一就是：無論你從事什麼職業都應精通它。精通自己領域的所有問題，掌握得比別人更熟練、更專業，你就會比其他人有更多的機會獲得升職和更長遠的發展。

梭羅曾說過：「判斷一個人的知識，要看他主動的把事情弄清楚的程度。」只有如此，淵深和廣博的知識才能促使你更上一層樓，對你的發展起更大的推動作用。

◎尋找藉口的人

誰都曾有過夢想，但不是誰都最終能夠實現自己的夢想。這是因為很多人都努力尋找藉口所致。

如果你問他，「你為什麼不自己主動去爭取呢？」他會說：「我這樣爭取過，但並不認為那是一種機會。」

羅傑．布萊克，一位體育界的成功人士。他曾獲奧林匹克運動會四百公尺銀牌和世界錦標賽四百公尺接力賽的金牌，可他的出色和優秀並不僅僅是因為他令人矚目的競技成績。更讓人為之動容的是，他所有的成績是在他身患心臟病的情況下取得的，他沒有把患病當作自己的藉口。

除了家人、醫生和幾個親密的朋友，沒有人知道他的病情，他也沒向外界公佈任何的消息。在第一次獲得銀牌之後，他對自己並不滿意。倘若他如實的告訴人們他的身體狀況，即使他在運動生涯中半途而廢，也同樣會獲得人們的理解與體諒，但羅傑並沒有這樣做，他說：「我不想小題大做的強調我的疾病，即使我失敗了，也不想以此為藉口。」

生活中，不知有多少人一直抱怨自己缺乏機會，並努力為自己的失敗尋找藉口。成功者不善於也無須編造任何藉口，對於自己的行為和目標，他們能夠承擔起責任，當然也就能夠享受自己的勤奮和努力獲得的成果。他們不見得有超凡的能力，但卻一定有超凡的心態。他們能夠積極主動的抓住並創造機遇，而不是一遇到困難就逃避退縮，為自己尋找藉口。如果他們這樣做的話，是不可能取得成功的。

為什麼很多人總是如此煞費苦心的找尋藉口，卻無法將工作做好呢？如果每個人總是善於尋找藉口，那麼努力嘗試將找藉口的創造力來找出解決問題的辦法，也許情形會大大的不同。如果你存心拖延、逃避，你自己就會找出成千上萬個理由辯解為什麼不能夠把事情完成。事實上，把事情「太困難、太無頭緒、太麻煩、太花費時間」等種種理由合理化，確實要比相信「只要我們足夠努力、勤奮就能完成任何事」的信念要容易多了，但如果你經常為自己找藉口，你就不能完成任何事，這對我們以後的職業生涯也是極為不利的。

如果你發現，自己常常會為沒做或沒完成某些事製造藉口與託辭，或想出成百上千個理由為事情未能照計畫實施而辯白、解釋，那麼，你自己不妨還是多做自我檢討，多多的自我反省吧！

現在，不要再做那些沒意義的辯解了，開始動手做事，丟掉你所有的藉口，找出能解決問題的方法。

◎抱怨嘲弄的人

誰都害怕失業，失業是痛苦的，它困擾著我們的身心，使人覺得如陷深淵而不能自拔，只有透過抱怨來平衡心態。

你曾經或現在屬於這樣的人嗎？

然而，抱怨是沒有用的，只有艱苦努力才能夠改善環境。高貴品格往往就是在人們克服困難的過程中形成，而那些總是在抱怨的人，終其一生恐怕也無法培養出真正的勇氣和堅毅的性格，從而也無法獲得成功。沒有人願意與抱怨不已的人為伍，大多數人更傾向於與那些樂於助人、親切友善並值得信賴的人在一起。在工作中也是如此，很少有人因為脾氣壞以及抱怨等消極情緒而獲得提拔和獎勵。

在那些只知抱怨嘲弄的人看來，老闆只是用「敬業」和「忠誠」來矇騙員工，這只是老闆剝削他的一種手段。在這種心理的推動下，他根本無法主動去做事。

當然，現實生活中，確實有些人承受了巨大壓力，或者是來自公司的很不公平的對待，但這些都不能成為不停抱怨的理由。從另外一個角度，如果我們用一種寬廣豁達的心態來接受它，把它當成是對成功者的一種考驗，我們將收穫到更多。

抱怨是沒有意義的，最多只是一時的發洩，什麼也得不到，甚至還會失去更多東西。寬容是一種成熟的標誌，作為一個成熟的人，聰明的做法是停止計較過去的事，不要再對自己遭遇的不公正待遇而耿耿於懷。

許多公司的管理者深受這種抱怨的困擾。他們認為，員工在抱怨公司沒有給他什麼的同時，也應該反思自己是否做了足夠努力。對管理者而言，這種抱怨和牢騷帶來的危害是致命的。它會影響公司的凝聚力，使機構內部互相猜忌，並且渙散團隊士氣。

當你想要抱怨時，不妨參看一下這兩條老闆定律：

- 老闆是不會錯的；
- 當老闆有錯時，請參照第一條。

作為機構的一分子，你輕視乃至誹謗你的公司，不但對你工作的機構沒有好處，還會傷害你自己，與其浪費時間去抱怨，不如去找一些值得讚美的地方。

如果你支持它，擁護它並理解它，你將會看到兩個完全不同的結果。

◎吹毛求疵的人

人類最大的缺點和毛病就是看不到自己的缺點，卻對別人吹毛求疵

林肯曾寫過一封信給胡克，透過這封信，我們可以看到林肯是怎麼駕馭自己和別人的。這封信也讓我們看到了一個慈愛、正直和胸襟廣闊的林肯。胡克曾粗魯、不公平的批評過他，而林肯卻一點也不計較，他提拔胡克接替胡克的上司伯恩賽德的職位。換言之，林肯是以德抱怨，提拔了冤枉他的人。而其實在私底下，林肯和伯恩賽德私交很深。

儘管胡克得到了提拔，但是兩人的誤會仍然存在。因而，讓胡克得知實情是非常必要的，林肯選擇了一種理性的方法化解了兩人之間的矛盾。

下面就是這封信的原文：

胡克少將：

我委任你為波多馬克軍司令。當然，我這樣做是有著充分的理由的，但是你最好也應該知

你曾經或現在屬於這樣的人嗎？

道，在有些事情上我對你並不太滿意。

我相信你是一名勇敢善戰的軍人，對於這樣的人，我當然喜歡了。

我還相信你不會將政治和你的職業相混淆。在你的職業方面，你是正確的。

你很自信。這即使不是一個人不可缺少的品德，至少也是一個珍貴的品德。

你有著雄心壯志。在合理的範圍內，這是好事而不是壞事。但是，我認為，在伯恩賽德將軍指揮期間，你聽從了自己的野心，並且盡可能阻撓他。這樣，無論是對國家還是對一個最優秀可敬的將領，你都犯了一個巨大的錯誤。

最近我聽說你發表了這樣的觀點：無論是軍隊還是政府都需要一個獨斷的統帥。我相信這種傳言是真的。當然，我授權於你並不是因為這個原因，但儘管如此我依然對你委以重任。

只有建功立業的將軍才能成為獨裁的統帥。現在，我要求你的是軍事上的成功，我將為此而面臨獨裁的風險。政府將全力支援你，對於所有的將軍，都一視同仁，也不會另眼看待你。你對司令官橫加指責，心存疑慮，我擔憂你所助長的這種風氣將會阻礙你。我將盡我所能的協助你壓倒這種風氣。如果任其蔓延，別說是你，就是拿破崙再世，也無能為力。現在，戒驕戒躁，勇往直前，去爭取勝利。

你真誠的朋友

亞伯拉罕·林肯

華盛頓總統官邸，西元一八六三年一月二十六日當然，你的老闆也許並沒有林肯那樣胸襟廣闊，即使你吹毛求疵、有種種缺點也會得到提拔。

有一種人，他總是愛挑上司和同事的缺點與錯誤，儘管自己做不到完美，卻總要求別人十全十美，他們總想以此證明自己比別人聰明，總希望從這種不斷的挑剔中獲取一些精神上的滿足。但願你不是也不要成為這種人。

每個人都有缺點，但同時也有長處和優點，應當看到別人的優秀，不要總是抓著別人的缺點不放。一位優秀的企業家曾說道：「看人應看到他的優點，也盡量發掘別人的優點，而當發現缺點之後，也應立即糾正。以七分心血去發掘優點，用三分心思去挑剔缺點。」

吹毛求疵沒有任何好處，因為什麼也不能挽回。可倘若我們轉變我們的態度，多一些讚美，少一些指責，相信不管是對自己還是別人都是有益處的，而且你的生活和工作品質也將有所提升。

◎好高騖遠的人

有人說：「無知與好高騖遠是年輕人最容易犯的兩個錯誤，也是導致他們常常失敗的原因。」許許多多的人內心充滿夢想與激情，可當他們面對平凡和繁瑣的工作，就會無計可施。

許多年輕人在求職時，總是盯著高職、高薪，總希望英雄能有用武之地，可一旦當他們對工作厭煩時。就會抱怨工作的枯燥與單調，埋怨職業的毫無前途，而當他們遭受挫折與失敗時，

你曾經或現在屬於這樣的人嗎？

就會懷疑工作的意義。逐漸的，他們輕視自己的工作，並厭倦生活。

那些在事業上有所成就的人士，都是踏踏實實的從簡單的工作開始，透過一些微不足道的小事找到自我發展的平衡點和支點的，他們積極調整心態，用持久的努力來走出困境，並逐步邁向成功的大門。

正像那些身居要職的人一樣，他們認真而忠實的履行每天的職責。而作為年輕人，緬懷過去與空談未來都是沒有意義的。

曾有一位年輕人，他用漁網在一個魚攤前撈魚，可漁網太薄了，用破了三張漁網也沒有撈到一條魚。攤主是位老者，他語重心長的對年輕人說：「年輕人，你總想撈那些又肥又大的魚，可你的漁網承受不了，所以撈不到啊！」

心懷遠大的理想與目標自然沒錯，但在現實生活中也應腳踏實地，以自己的實力為基準，努力調整自己的發展方向。一步一個腳印的獲得自己的成功。

成功的定理是：態度＋理想＋行之有效的方法＋實踐＝成功。態度是獲取成功的前提條件，理想是方向，而方法則是工具。但只有付諸實踐行動，腳踏實地的做，另外三個才會有意義。

莫要因好高騖遠束縛了自己的發展。工作中，不論大小事情都應用心去做。特別是在那些小事上，更能體現我們用心的態度。如果沒有行動，所有的理想也只能停留在最初的起點。

從來就沒有懷才不遇

知道自己是什麼咖，成為最夯的獵才目標

◎斤斤計較的人

現代社會，已經很少看到那種為了公司的發展，嘔心瀝血、忘我工作的員工了。越來越多的員工認為是自己將體力和智力販賣給公司，而公司發薪水，解決生計問題。

這看起來似乎合情合理，尤其在這個崇尚等價交換的商業社會，似乎更是天經地義。但從長遠來看，這又是一種目光短淺的做法。我們可以透過工作不斷的發掘自己的潛能，從而不斷豐富自己的知識與能力，並從中獲取寶貴的經驗，這樣在我們未來的人生當中，我們會有更多的施展才能的機會。

如果你剛開始工作，不要太過考慮薪水問題。而應多考慮工作帶給你的發展——它可以訓練你的技能，使你的人格品質得以完善。

經常會有這種情況：那些自認聰明而又處處斤斤計較的人得不到升職，而許多看起來老實本分、不夠聰明的人在公司裡卻能夠一步一步的高升上去，這是何道理呢？

有這樣一個年輕人，他事業成功，是一家飯店的老闆。單從表面上看，你絕對不會從他身上看到什麼突出的優點，或是特殊才能，直到他告訴你他獲得別人賞識能夠被提拔的傳奇經歷，你才會明白事情的真相。

還是在幾年前，我在一家路邊的小旅館打工，自己都看不到未來有什麼發展的前途。他回想道：「在一個很寒冷的冬天，天色已經很晚了，我正打算關門的時候，進來一對老夫妻。

他們正為找不到住處而苦惱，可很不湊巧，我們的店也客滿了。看到這兩個老人家又睏又乏的樣子，我實在不忍心把他們趕出去。我就自己在大廳鋪了一個地鋪，讓他們睡我的床位，第二天早上，他們堅持要付房費給我，我拒絕了。我覺得這不過是舉手之勞。」

「那對夫妻臨走時對我說：『年輕人，我們相信你能勝任一家飯店的大老闆。』我只是笑笑。」

「開始，我以為他們只是在說客氣話。可是沒有想到過了一年，那對老夫婦從紐約寄來了一封信還有一張機票。他們告訴我，他們蓋了一間大飯店，希望我來經營並負責管理。」

這個年輕人沒有斤斤計較那一夜的房費，正是這個他認為是舉手之勞的小事，使他得到了這個寶貴的機會。

助人就是助己。如果計較太多，會花費你很多的時間與精力。相反的，如果你不那麼計較，多做一些，也許會花掉你的部分時間與精力，但卻可以使你從那些競爭者中脫穎而出。你的客戶、老闆還有同事，都會看重你、信賴你，從而可以獲得更多的機會。因為你種下的是助人的種子，結出的甜美果實會使你成為最終的受益者。也可能很多人都會想：「公司和老闆為我都做了什麼，要我這樣付出？」而那些有遠見卓識的人想：「我能為公司和老闆做些什麼呢？」百分之九十的人都會認為，盡自己最大的努力完成分配到的任務，使自己的工作與薪水相抵就可以了。但這遠遠不夠，你要想獲得成功，只有付出越多，你才能收穫越多。

如果一個人對工作盡心盡力，不計較眼前的利益得失，也不虛度日子，那麼即使他現在薪水不高，也不容小覷，因為他在工作中正在努力培養自己的能力和經驗，他的未來也會有一定收穫的。

◎消極怠慢的人

一個人在工作時所表現出來的精神面貌，不僅會對工作效率和品質有影響，而且對他品格的形成也有很大幫助，不管你的工作和地位如何的平凡，倘若你能夠全心全意投入你的工作，就像藝術家投身於他的作品，那麼所有的疲勞與懈怠都會消失。其實，我們在各行各業都有施展才華和升職的機會，關鍵要看你是不是以積極主動的態度來對待你的工作。

大衛．戴維斯畢業後在一家印刷公司從事銷售工作，這與他當初的理想與目標相距甚遠。但他沒有消極喪氣，他知道自己的目標和現實處境，便滿懷熱情全心全意投入到自己的工作中，他把熱情與活力帶到了公司，傳遞給客戶，使每一個和他接觸的人都能感受他的活力。正因為如此，儘管他才工作了一年，就被破格提升為銷售部主管。

同樣很年輕的約翰．布朗，也在短期內被提升到公司的管理階層。有人問到他成功的訣竅時，他答道：「在試用期內，我發現每天下班後其他人都回家了，而老闆卻常常工作到深夜。我希望能夠有更多的時間學習一些業務上的東西，就留在辦公室裡，同時為老闆提供一些幫助，儘管沒人這麼要求我，而且我的行為還受到一些同事的議論。但我相信我是對的，並堅持下來，長時間下來，我和老闆配合得很好，他也漸漸習慣要我負責一些事……」

你曾經或現在屬於這樣的人嗎？

有很長一段時間，布朗並未因積極主動的工作而獲取任何酬勞。可他學到了很多技術並獲得了老闆的賞識與信任，贏得了升職的機會。

但大多數人並不像大衛．戴維斯和約翰．布朗，他們常常以一種怠惰而被動的態度對待自己的工作。上班的時候懶散怠惰，下班回家也無事可做。他們不是沒有自己的理想，但很容易一遇困難就放棄，他們缺少一種精神支柱。

如果一個人深信「工作能消除人的辛勞」，努力在各方面以主動、積極、熱情的態度做自己的工作，那麼即便是最平凡的工作，也能帶給你成就感並增加你的榮譽和物質財富。

這正是你扔掉消極怠惰心態的最好結果。如果你一直展現出積極向上的心態，那你的朋友或者同事自然會被你感染，聚集在你的周圍，這樣，也為你的發展提供更廣闊的空間，你也一定能從工作中受益匪淺。

積極健康的心態如同一塊有力的磁石，會像鮮花吸引蝴蝶一樣，把他人吸引到自己身邊來。

第一種人　盡忠職守的人

如果你有很強的責任感，能夠接受別人不願意接受的工作，並且從中體會出辛勞和樂趣，那你就能夠克服困難，達到他人無法達到的境界，並得到應有的回報。

——比爾蓋茲

1. 忠誠是生存的保證

在一個成功的公司裡被招聘而來的員工是不會被輕易解雇的，只有那些站在塗滿了油的木板上的人才會最終因木板的傾斜而掉進海裡。

假如把智慧和勤奮看作金子那樣珍貴，那麼，比金子還珍貴的就是忠誠。對公司忠誠，就是對自己的事業忠誠。忠誠不是阿諛奉承，它不要求回報，也沒有其他的私心。

很多老闆用人不僅看能力，更重品德，而品德之中最核心的是忠誠度。那些既忠誠又能幹的人往往是老闆夢寐以求的得力幹將。因為，老闆的成就感，老闆的自信心，還有公司的凝聚力，很大程度上來自員工的忠誠度。

那些忠誠的人，儘管可能做事能力有限，但仍得到老闆的重視，到任何地方都可以找到自己的位置，面對那些朝秦暮楚的人，對那些只管個人得失的人，即使他的能力無人能比，也不可能被老闆器重。

在公司的經營運作中，要用大智慧來做決策的大事畢竟很少，而要人腳踏實地的去行動落實的小事卻很多。少數人的成功靠的是智慧和勤奮，而絕大多數人靠的是忠誠和勤奮。

忠誠在現代社會尤為可貴。許多公司花費了大量精力去培訓員工，但有些員工在累積了相當經驗後，卻常常一聲不吭就銷聲匿跡了。這種人對公司沒有忠誠可言。留在公司的則總是抱怨公司和老闆的苛刻，把一些責任都推到公司和老闆身上，這顯然有失偏頗。

從來就沒有懷才不遇

知道自己是什麼咖，成為最夯的獵才目標

缺乏忠誠度表面上看來，受損害的是公司，但深入來看，對員工的損失更大，因為不管是就個人資源的累積，還是由此造成的「吃著碗裡的望著鍋裡的」壞習慣，這些都大大降低了員工自身的價值。那些人不明白自己真正需要的是什麼，不明白自己的位置，從而錯估了現狀。在這種情況下跳槽就很可能不利於他們以後的發展。

人的一生坎坷曲折，可能要走很多彎路才能到達自己想去的地方。同樣的道理，在職涯中不可避免的會換一些工作，但明智的轉換應該依據自己長遠的人生整體規劃。魯莽跳槽，可能會在短期內增加你的薪水，但如果過於頻繁，甚至成了習慣，那就對你的長遠發展有害無益，進而影響你整體人生規劃，這就因小失大，得不償失了。

克拉斯是著名銀行家，他在年輕時也經常換工作，但他始終都有一個固定的目標，那就是成為某家大銀行的高階主管。他在交易所裡上過班，也在木材行打過雜，還做過出納等十分瑣碎的工作，經過千辛萬苦，最後終於實現了自己的夢想。克拉斯這樣說：

「任何一個有卓越成就的人士，都會不可避免的經歷很多磨難，也可能會在不同的部門做事。我們當然希望可以在一個機構裡學到一切知識，但這種情況很少見。在這種狀況下，要好好考慮，我究竟想做什麼，可以做什麼，為何要這樣做。」

很多人工作一不如意就跳槽，人際關係不行也跳槽，看到可以多賺幾塊錢的工作跳槽，甚至沒有任何原因也跳槽。在他們眼裡，下一個工作肯定比現在的好，一切問題都能以跳槽的方式解決。這樣，跳槽者的工作就是跳槽。慢慢的，他們就失去了自我，失去了以前那種努力積

極的工作精神，一有困難就退縮，遇到麻煩繞開走。出現這種狀況是危險的，它表明：換工作並不能解決工作中遇到的問題。因為在任何工作中都會出現困難，以這種態度對待工作，只會毀了你自己的大好前途。

在現實生活中，許多年輕人失去了做事所應具備的最寶貴的忠誠，心態不對，工作沒有方向，遇難而退，眼高手低，以至碌碌無為，事業無成。

當一個人被要求去做一件他應當承擔的工作的時候，如果他在嘴上不說而在心裡有「我被請來不是為了做這種事情的」的想法的話，那麼他就等於站在一個塗了油的木板上，而且這塊木板正在向大海滑動。當這塊木板傾斜到一定角度的時候，他就會被大海的怒濤所吞沒。

事實上，除了他自己，沒有人會傾斜這塊致命的木板。這塊木板傾斜的原因就是：他對於經過的其他船隻以及在岸上活動的興趣要比他在船上所做的事情的興趣要大得多。

因此，我們再次強調：在一個成功的公司裡被招聘而來的員工是不會被輕易解雇的，只有那些站在塗滿了油的木板上的人才會最終因木板的傾斜而掉進海裡。

記住，忠誠是你在公司生存的最大保證。

2. 任何藉口都是在推卸責任

如果你有自己繫鞋帶的能力，你就有上天摘星的機會！

記住：努力去尋找解決問題的辦法，才是最有效的工作原則。

從來就沒有懷才不遇

知道自己是什麼咖，成為最夯的獵才目標

一個人對待生活、工作的態度是決定他能否做好事情的關鍵，首先改變自己的心態，這是最重要的！很多人在工作中尋找各種各樣的藉口為遇到的問題開脫，並且養成了習慣，這是很危險的。美國成功學家格蘭特說過這樣一段話：如果你有自己繫鞋帶的能力，你就有上天摘星的機會！

在我們日常生活中，常聽到這樣一些藉口：上班晚了，會有「路上塞車」、「鬧鐘不準時」的藉口；做生意賠了本有藉口；工作、學習落後了也有藉口……只要用心去找，總是會有藉口。久而久之，就會形成這樣一種局面：每個人都努力尋找藉口來掩蓋自己的過失，推卸自己本應承擔的責任。

我們經常聽到的藉口主要有以下幾種類型：

①他們做決定時根本不理我說的話，所以這個不應該是我的責任（不願承擔責任）。

②這幾個星期我很忙，我盡快做（拖延）。

③我們以前從沒那麼做過，或這不是我們這裡的做事方式（缺乏創新精神）。

④我從沒受過適當的培訓來做這項工作（不稱職、缺少責任感）。

⑤我們從沒想過趕上競爭對手，在許多方面他們都超越我們一大截（悲觀態度）。

不願承擔責任、拖延、缺乏創新精神、不稱職、缺少責任感、悲觀態度，看看吧，那些看似冠冕堂皇的藉口背後隱藏著多麼可怕的東西啊！你要經常問自己：

- 你熱愛目前的工作嗎？
- 你在週一早晨是否和週五早晨一樣精神振奮？
- 你和同事、朋友之間相處融洽嗎？
- 他們是你一起工作、一起遊樂的夥伴嗎？
- 你對收入滿意嗎？
- 你敬佩上司和理解公司的企業文化嗎？
- 你每晚是否帶著滿足的成就感下班回家，又同時熱切的準備迎接新的一天、新的挑戰、新的刺激以及各種不同的新事物？
- 你是否對公司的產品和服務引以為豪？
- 你覺得工作穩定、受器重又有升遷的機會嗎？
- 你個人的生活如何，圓滿嗎？

只要你對以上任何一個問題，回答中有一個「是」字，那就說明：「你『可以』熱愛你的工作。」這是第一步。你可以把日子過的新奇而愜意，因為生活充滿各種機會和選擇。但是，你絕對沒有時間嘗試所有新鮮刺激的事。因為要滿足你的願望，我們得先從「你」開始。你一定要先了解自己的特點、長處，以及有哪些事是你能輕鬆自如就做得俐落漂亮的。但記住，你不必為了做到這一點再回到學校去，或者在你的生活上做「劇烈的變動」，甚至離職。符合內心需求的工作就是最合適的工作。需求是一種力量、一種渴望、一種熱情。

從來就沒有懷才不遇

知道自己是什麼咖，成為最夯的獵才目標

你可能在有意識或無意識中感覺到它的存在。每個人的生命都有這麼一道中心軌跡，循著這道軌跡走你就會滿足。需求會隨著年齡的增長而改變。年輕時，追求的可能是光榮、顯耀的日子；能夠獨立，或者在一個彼此毫無芥蒂、能夠集思廣益的團隊裡工作。然而，目前的工作不能提供這些條件，你只好在週末和朋友盡情玩樂縱酒以彌補心靈的空虛。可是往往無效，到了週一，你就會像個洩了氣的皮球。

事情往往是這樣，出現問題不是積極、主動的加以解決，而是千方百計的尋找藉口，致使工作無績效，業務荒廢。藉口也就變成了一面擋箭牌，事情一旦失敗了，就能找出一些冠冕堂皇的藉口，以換得他人的理解和原諒。找到藉口的好處是能把自己的過失掩蓋掉，心理上得到暫時的平衡。但長此以往，因為有各種各樣的藉口可找，人就會疏於努力，不再想方設法爭取成功，而把大量時間和精力放在如何尋找一個合適的藉口上。任何藉口都是推卸責任。在責任和藉口之間，選擇責任還是選擇藉口，體現了一個人的生活和工作態度，消極的事物總是扯積極事物的後腿。

當然，有了問題，特別是難以解決的問題，可能讓你懊惱萬分。這時候，有一個基本原則可用，而且永遠適用。這個原則非常簡單，就是永遠不放棄，永遠不為自己找藉口。

想像一個畫面：

在一片水窪裡，一隻面目猙獰的水鳥正在吞噬一隻青蛙。青蛙的頭部和大半個身體都被水鳥吞進了嘴裡，只剩下一雙亂蹬的腿，可是出人意料的是，青蛙卻將前爪從水鳥的嘴裡掙脫出

來，猛然間死死的箍住水鳥細長的脖子……

這就是講述這樣一個道理：無論什麼時候，都不要放棄。不要放棄，不要尋找任何藉口為自己開脫，努力尋找解決問題的辦法，這是最有效的工作原則。我們都看過這類不幸的事實：很多有目標、有理想的人，他們工作，他們奮鬥，他們用心去想、去做……但是由於過程太過艱難，他們越來越倦怠、洩氣，終於半途而廢。到後來他們會發現，如果他們能再堅持久一點，如果他們能看得更遠一點，他們就會修得正果。請記住：永遠不要絕望；就算絕望了，也要再努力，從絕望中尋找希望。成為積極或消極的人在於你自己的抉擇。沒有人與生俱來就會表現出好的態度或不好的態度，是你自己決定要以何種態度看待環境和人生。

即使面臨各種困境，你仍然可以選擇用積極的態度去面對眼前的挫折。保持一顆積極、絕不輕易放棄的心，盡量發掘你周遭人或事物最好的一面，並從中尋求正面的看法，讓自己能有向前走的力量。即使終究還是失敗了，也能汲取教訓，把這次的失敗視為朝向目標前進的踏腳石，而不要讓藉口成為你成功路上的絆腳石。

下面是一則讓人感動的故事，請閱讀它並記在心裡，也請你講給那些生活中不時為自己尋找藉口的人。

在一個漆黑、涼爽的墨西哥市夜晚，坦尚尼亞的奧運馬拉松選手艾克瓦里吃力的跑進了奧運體育場，他是最後一名抵達終點的選手。

這場比賽的優勝者早就領了獎盃，慶祝勝利的典禮也早已經結束，因此艾克瓦里一個人孤零零的抵達體育場時，整個體育場已經幾乎空無一人。艾克瓦里的雙腿沾滿血污，綁著繃帶，他努力的繞完體育場一圈，跑到了終點。在體育場的一個角落，享譽國際的紀錄片製作人葛林斯潘遠遠看著這一切。接著，在好奇心的驅使下，葛林斯潘走了過去，問艾克瓦里，為什麼要這麼吃力的跑至終點。

這位來自坦尚尼亞的年輕人輕聲的回答說：「我的國家從兩萬多公里之外送我來這裡，不是叫我在這場比賽中起跑的，而是派我來完成這場比賽的。」

沒有任何藉口，沒有任何抱怨，職責就是他一切行動的準則。

3. 工作無大小之分

每個人所做的工作，都是由一件件小事構成的。工作本無大小事之分，要想把每件事做到完美，就必須全心全意的付出你的熱情和努力。

所有的成功者，他們與我們都做著同樣簡單的小事，唯一的區別就是，他們從不認為他們所做的事是簡單的小事。

康拉德．尼柯爾森．希爾頓是希爾頓飯店的創始人。他這樣要求他的員工：「大家牢記，萬萬不可把我們心裡的愁雲擺在臉上！無論飯店本身遭到何等的困難，希爾頓服務員臉上永遠是顧客的陽光。」

正是這小小的微笑，讓希爾頓飯店的身影遍佈世界各地。

事實正是如此，每個人所做的工作，都是由一件件小事構成的。你每天所做的可能就是接聽電話、整理報表、繪製圖紙之類的小事。但你是否對此感到厭倦、毫無意義而精神不振呢？你是否因此而敷衍應付，心裡有了懈怠？但請記住：工作本無大小事之分，要想把每件事做到完美，就必須全心全意的付出你的熱情和努力。

還有一些人因為「事小而不為」，或抱有一種輕視的態度。

有這麼一個故事，在開學的第一天，一位老師對他的學生們說：「從開學這一天起，我們不排值日生，因為只要在座的每一位同學都能把自己的座位周圍清掃乾淨，整個教室就乾淨了。」

學生們表示能夠做到這一點，可是一年以後，大家發現，全班只有一個學生堅持這樣做了。

「這麼簡單的事，誰做不到？」這正是許多人的心態。成功不是偶然的，有些看起來很偶然的成功，實際上我們看到的只是表象。對一些小事情的處理方式，已經昭示了成功的必然。「堅持清掃座位周圍的劃分區域」其實要求人們必須具備一種鍥而不捨的精神，一種堅持到底的信念，一種腳踏實地的務實態度，一種主動承擔的責任心。一個人如果連小事都做不好，還談什麼成就大業呢？

4. 工作本身就意味著責任

不要害怕承擔責任，要立下決心，你一定可以承擔任何正常職業生涯中的責任，你一定可以比前人完成得更出色。

美國西點軍校認為：沒有責任感的軍官不是合格的軍官，沒有責任感的員工不是優秀的員工，沒有責任感的公民不是好公民。

在任何時候，責任感對自己、對國家、對社會都不可或缺。正是這樣嚴格的要求，讓每一個從西點畢業的學員獲益匪淺。

我們經常可以見到這樣的員工，他們在談到自己的公司時，使用的代名詞通常都是「他們」而不是「我們」，「他們業務部怎麼樣怎麼樣」，「他們財務部怎麼樣怎麼樣」，這是一種缺乏責任感的典型表現，這樣的員工至少沒有一種「我們就是整個」的認同感，也就是說，他沒有將自身的角色融入團隊當中。

責任感是簡單而無價的。據說美國前總統杜魯門的桌子上擺著一個牌子，上面寫著：「The buck stops here.（責無旁貸）。」如果在工作中對待每一件事都是「The buck stops here.」，可以肯定的說，這樣的公司將讓所有人為之震驚，這樣的員工將贏得足夠的尊敬和榮譽。

有一個替人割草打工的男孩打電話給布朗太太說：「您需不需要割草？」

4.　工作本身就意味著責任

布朗太太回答說：「不需要了，我已經有割草工了。」
男孩又說：「我會幫您拔掉草叢中的雜草。」
布朗太太回答：「我的割草工已做了。」
男孩又說：「我會幫您把草與走道的四周割齊。」
布朗太太說：「我請的那人也已經做了，謝謝你，我不需要新的割草工人。」
男孩便掛斷了電話。此時男孩的室友問他說：「你不就是在布朗太太那裡割草打工嗎？為什麼還要打這個電話？」

男孩說：「我只是想知道我究竟做得好不好！」

多問自己「我做得怎麼樣」，這就是責任。

工作本身就意味著責任。在這個世界上，沒有不需承擔責任的工作，相反，你的職位越高、權力越大，你肩負的責任就越重。不要害怕承擔責任，要立下決心，你一定可以承擔任何正常職業生涯中的責任，你一定可以比前人完成得更出色。在需要你承擔重大責任的時候，你應馬上就去承擔它，這就是最好的準備。如果不習慣這樣去做，即使等到條件成熟了以後，你也不可能承擔起重大的責任，你也不可能做好任何重要的事情。

每個人都肩負著責任，對工作、對家庭、對親人、對朋友，我們都有一定的責任，千萬不要自以為是而忘記了自己的責任。對於這種人，巴頓將軍的名言是：

「自以為了不起的人一文不值。遇到這種軍官，我會馬上調換他的職務。每個人都須心甘情願為完成任務而獻身。」

「一個人一旦自以為了不起，就會想著遠離前線作戰。這種人是道地的膽小鬼。」

巴頓想強調的是，在作戰中每個人都應付出，要到最需要你的地方去，做你必須做的事，而不能忘記自己的責任。

切記，千萬不要利用自己的功績或手中的權力來掩飾錯誤，從而忘卻自己應承擔的責任。正確的做法是，承認它們，解釋它們，並為它們道歉。最重要的是利用它們，要讓人們看到你如何承擔責任和如何從錯誤中汲取教訓。這不僅僅是一種對待工作的態度，這樣的員工也會被每一個主管所欣賞。

嘗試著改變你曾經不負責任的工作態度吧，你的上司可能對此已經等待太久太久了。

5. 敬業是一種職業道德

不要抱怨低微的職位和薪水，不要因為老闆的忽視而喪失向上的精神，只要勤奮肯做，不吝於投入時間和精力，那就一定可以尋找到工作中的快樂。

敬業，也就是要尊重自己的工作，工作時要投入自己的全部身心，甚至把它當成自己的事，無論怎麼付出都心甘情願，並且能夠善始善終。如果一個人能這樣對待工作，那麼一定有一種神奇的力量在支撐著他的內心，這就是我們現在所說的職業道德。在人類歷史上，職業道德一貫為人們所重視，而在世界發展日新月異的今天，它更是一切想成就一番大業者不可或缺的重要條件。

在現代社會，商業競爭非常激烈，從某種角度上講，一個公司員工的敬業程度決定其生死存亡。要為顧客提供優秀的服務，要創造優秀的產品，就必須具備忠於職守的職業道德。遺憾的是，在我們當中總是有那麼一部分人，他們工作時遊手好閒，偷工減料，藉口滿天飛，還一點都不知道悔改。也許，在他們的腦海中根本就沒有敬業這個詞，更不會想到把職業當作一項神聖的使命。

當然，在現實生活中，你工作中的勤奮努力可能被老闆忽視了，但是，你的同事是清楚的，他們會因此而尊敬你；那些工作馬虎，卻能靠玩弄各種手段爬上主管職位的人，雖然可以得到暫時的榮耀，但卻必將遭到同事的輕視，也會因此而毀了自己的前程。投機取巧也許會使你一夜暴富，但也會讓你付出慘重的代價，使你臭名昭彰。而好的名譽是一個人走向成功的加速器，是筆巨大的無形資產。要贏得人們的尊重，首先要有基本的職業道德，要有敬業精神，否則，即使你有一流的工作能力，也會因為缺乏敬業精神而遭到社會的唾棄。

人們的尊敬將給你帶來更多的自尊與自信。不要抱怨低微的職位和薪水，不要因為老闆的忽視而喪失向上的精神，只要勤奮努力，不吝於投入時間和精力，那就一定可以尋找到工作中的快樂，在工作中獲得滿足和自豪，並得到尊重。要永遠保持必勝的信念，這樣，你才能把工作做得異常出色。

有人曾問一位成功學家：「大學教育對年輕人的未來是否是必要的？」

從來就沒有懷才不遇

知道自己是什麼咖，成為最夯的獵才目標

這位成功學家的回答很值得我們思考：

「就商業來說，這不是最關鍵的。在商業中，最重要的素養是敬業精神。在最需要培養忠於職守的工作精神的時候，許多年輕人卻被他們的父母送進了大學校園，讓他們在象牙塔中度過了人生中最快樂浪漫的時光。不幸的是，當他們學有所成，正當創業之時，卻不能聚集精力投入工作，因而往往錯過了許多成功的機遇。

敬業精神的最直接的表現是：做一行，愛一行，工作中一心一意，這樣，才能在工作中脫穎而出。

也許，目前你依舊處於困苦的環境之中，然而不要埋怨，不要怨天尤人，只要你努力工作，很快就能擺脫窘境，並在物質上得到滿足。通往成功的唯一途徑是艱苦的奮鬥，這已被古今中外無數的成功者證明。

有位成功人士說過：「如果你具備了真正製作好一枚別針的能力，那麼，這要比你擁有生產粗糙的蒸汽機的能力強得多。」

許多人不明白，為什麼自己取得的成就竟然不如那些能力遠不及自己的人？你如果對這個問題很困惑的話，不妨試著回答以下問題，或許答案就在裡面：

- 你前進的方向有沒有錯誤？
- 你是否非常了解工作的每一個細節？
- 你有沒有認真讀過相關的書籍或資料，以提升你的工作效率，創造令你滿意的財富？

如果你不能肯定的回答上面的問題，那說明阻礙你通向成功的關鍵就在這裡。反之，不管做什麼事情，如果你能一貫的遵循以上幾點，那你一定可以在事業上取得成功。不過，如果你選擇的道路方面不正確，就要當機立斷，迅速改變，以免白費力氣，做無用功。

曾有人向一位成功人士請教：「你為什麼能完成這麼多的工作？」這位成功人士是這樣回答的：「因為我奉行這樣的原則，在某個時段只集中精力做一件事，但要盡最大的努力把它做好。」

對工作本身不了解，業務不熟練，但在失敗後卻反而責怪他人，抱怨社會，這是不應該的。你應該做的是，盡最大的努力精通業務，這實際上並不難，只要你持之以恆的累積。

那些對工作粗枝大葉、敷衍了事的人，他們一定缺乏把事情做好的恆心和毅力。這種人不懂得訓練自己的個性，因此很可能永遠都不能達到自己的目標。他們總是試圖同時兼顧工作和享樂，卻不明白，魚和熊掌往往是不能同時得到的，結果很可能是竹籃打水一場空，或者是撿了芝麻丟了西瓜。

實際上，獲得嚴謹的做事風格和練達的處事智慧並不難，只要你工作時一絲不苟、心無旁騖就可以。它可以使你從一般走向優秀，從優秀走向卓越。

只要你能時時將「敬業」視作一種美德，時時在工作中盡心盡力，你就能在工作中忘記辛勞，得到歡愉，長期堅持，就能找到通向成功之路的祕訣。

6. 以事業為第一生命

任何一位在職場上奮鬥的成功者，都應毫不吝惜自己的私人時間，只有這樣，才有前途可言，才有可能在職場的隊伍中，走在佇列的最前面。

很多公司的老闆都認為，下屬的所有時間都應屬於公司，都屬於工作。那些遲到、早退、一加班就尋找各種理由抱怨的人不可能做好自己的分內工作，必須早點離開。

在任何一家公司做事，首先要要求自己做一個嚴格守時的人。

不要以為沒有人注意你的工作出勤情況，也別以為老闆經常不坐在辦公室內，實際上你在公司的一舉一動，老闆都清清楚楚，他們才能安心外出或休息。

如果有一天，老闆準時走進辦公室，看到其他同事正在埋頭工作，而唯獨你的座位是空的，那麼無論你在今後的工作中如何努力表現，也很難讓他原諒你的那次「偶然缺席」。在老闆的眼裡，你肯定是不喜歡目前的工作，隨時準備放棄，所以工作起來無法盡心盡力，或至少說明你是個懶散的傢伙。

因此，就算你不能第一個到辦公室，也不要成為最後那個姍姍來遲的人。在星期一早晨，如果你能比其他人都早到一些，即使只是趁別人還沒有進辦公室之前查查自己的電子郵件，或者整理一下辦公桌，都會讓自己提早進入一周的工作狀態。同時跟周圍的人比起來，你的精神顯得特別愉快，也絕對是當天最讓上司眼睛一亮的員工。

而對於下班而言呢，就算你不能最後一個下班，也不要在眾人都埋頭工作時過早「離席」。你的工作效率可能比別人的都高，那麼應該去幫助顯然在今晚必須加班的人，問他有什麼是你可以幫忙的，就算你事實上真的幫不上什麼忙，你的這份誠意就足以讓人感動並產生好感了。但切記一定要出自誠意，別忘記，整個團隊的成功，才能讓你的優秀表現更傑出；讓團隊裡其他人顯得灰頭土臉，不但不會讓上司認為你的能力比其他人高強，反而會讓上司覺得你的工作是否過於輕鬆了，並且沒有團隊意識。

所以，聰明的員工總會比公司所規定的時間早到幾分鐘，利用這短短的幾分鐘，使自己的心沉靜下來，準備迎接一天工作的挑戰，而下班前適當拖延幾分鐘，利用這最後幾分鐘整理桌面，將重要文件歸檔，確認第二天的工作。

你要認事業為第一生命，要努力提高自身工作效率，否則，你的工作常常落在別人後面，別說升職加薪，恐怕連你在公司的職位都難以保全。

同時，也記住不要在上班時間跟他人閒聊，不要接聽冗長無聊的電話，更不能「身在曹營心在漢」，想到「外面的世界多精彩」，心猿意馬，魂不守舍。你應該做的是把全部的心思和精神都投注於自己手邊的工作上，有效的提高工作品質，提升工作效率。要記住，自己是個在職場上討生活的人。

在職場工作第二要要求自己做到的就是——永遠不要抱怨。

日常工作中，很多老闆經常佔用下屬的私人空間，這似乎已經是他們司空見慣的事情了，只要工作需要，他們不會有任何歉意，而且也沒有加班費或者不多，所以很多人最害怕的事情就是已經和家人計畫好週末的活動內容，卻在臨近週末時被老闆通知加班。

而事實的真相是這樣的：一般對喜愛和信任的員工，老闆會下意識的認為，重用他們的最直接表現就是佔用對方的全部時間。

幾乎所有的老闆都以事業為第一生命，都以比爾蓋茲為創業的楷模，也要求他的員工也以事業為人生奮鬥的核心。老闆認為，有志向的員工應隨時準備獻身事業。

另外，從老闆自身的利益考慮，他必然精打細算，任何支出必須爭取獲得超額回報，所以多數員工都會遇到老闆要求免費奉獻的情況。相信在職場做事的人，誰都會遇到這樣的事，但是你不要介意，仍要滿懷熱情的去工作，要把這一切當作磨練，毫無抱怨。

有一位領取公司最高薪水的員工，曾經這樣對他的朋友說：「不要以為我獲得的最多。其實，老闆從來沒有雇用過像我這樣便宜的員工，我一個星期工作七天，每天工作十六小時，平均計算，我的薪水還不如一般職員呢？」

因此，任何一位在職場上奮鬥的成功者，都應毫不吝惜自己的私人時間，只有這樣，才有前途可言，才有可能在職場的隊伍中，走在佇列的最前面。

7. 多加一盎司又何妨

只多那麼一點兒就會得到更好的成績，那些在一定的基礎上多加了兩盎司而不是一盎司的

7.　多加一盎司又何妨

人，得到的回報遠大於一盎司應得的。

「多一盎司定律」是由著名投資專家約翰．坦伯頓透過大量的觀察研究得出的一條工作原理。他指出，取得突出成就的人與取得中等成就的人幾乎做了同樣多的工作，他們所做出的努力差別很小——只是「多一盎司」。但其結果，所取得的成就及成就的實質內容方面，卻總是有著天壤之別。

約翰．坦伯頓認為，只多那麼一點兒就會得到更好的成績，那些在一定的基礎上多加了兩盎司而不是一盎司的人，得到的回報遠大於一盎司應得的。

「多一盎司定律」實際上是一條使你走向成功的通則。把它運用到足球運動上，你就會發現，那些多做了一點努力，多練習了一點的年輕人成了球星，他們在贏得比賽中發揮了關鍵的作用。他們得到了球迷的支持和教練的青睞。而所有這些只是因為他們比隊友多做了那麼一點。

對待我們的工作，我們需要「多加一盎司」的工作態度。多加一盎司，工作可能就大不一樣。盡職盡責完成自己的工作的人，最多只能算是稱職的員工。如果在自己的工作中再「多加一盎司」，你就可能成為優秀的員工，成為優秀的管理者。

「多加一盎司」定律在所有的工作中都會產生積極的效果。如果你多加一盎司，你的士氣就會高漲，而你與同伴的合作就會取得非凡成績。要取得突出成就，你必須比那些取得中等成就的人多努力一把，學會再加一盎司，你會得到意想不到的收穫。

對你來講，「多加一盎司」事實上並不是什麼天大的難事，既然我們已經付出了百分之九十九的努力，已經完成了絕大部分的工作，再多增加「一盎司」又何妨呢？而在實際的工作生活中，我們往往缺少的卻是「多一盎司」所需要的那一點點責任、一點點決心、一點點敬業的態度和自動自發的精神。

在日常工作中，有很多工作環節都是需要我們增加那「一盎司」的。大到對工作、公司的態度，小到你正在完成的工作，甚至是接聽一通電話、整理一份報表，只要能「多加一盎司」，把它們做得更完美，你將會有數倍於一盎司的回報，這是毋庸置疑的。

「多加一盎司」很簡單，但獲得成功的祕密就在加上那一盎司。多一盎司的結果會使你最大限度的發揮你的天賦。

約翰．坦伯頓發現了這個祕密，並把它運用到他的學習、工作和生活中，從而獲得巨大的成功。從現在起，你也好好的運用這個祕密吧！

8. 記住，這就是你的工作

當我們在工作中遇到困難時，當我們試圖以種種藉口來為自己開脫時，讓這句話來喚醒你沉睡的意識吧：記住，這是你的工作！

在進入正題之前，讓我們先看一看美國獨立企業聯盟主席傑克．法里斯少年時的一段經歷。

8. 記住，這就是你的工作

在傑克·法里斯十三歲時，他開始在他父母的加油站工作。那個加油站裡有三個加油泵、兩條修車槽和一間打蠟房。法里斯想學修車，但他父親讓他在櫃檯接待顧客。

當有汽車開進來時，法里斯必須在車子停穩前就站到司機門前，然後忙著去檢查油量、蓄電池、皮帶、膠管和水箱。法里斯注意到，如果他做得好的話，顧客大多還會再來。於是，法里斯總是多做一些事，幫顧客擦去車身、擋風玻璃和車燈上的污漬。

有段時間，每週都有一位老太太開著她的車來清洗和打蠟。這個車的車內地板凹陷極深，很難打掃。而且這位老太太極難打交道，每次當法里斯將她的車準備好時，她都要再仔細檢查一遍，要求法里斯重新打掃，直到清除每一絲棉絨和灰塵她才滿意。

終於，有一次，法里斯實在忍受不了了，他不願意再服務她了，法里斯回憶道，他的父親告誡他說：「孩子，記住，這就是你的工作！不管顧客說什麼或做什麼，你都要記住做好你的工作，並以應有的禮貌去對待顧客。」

父親的話讓法里斯深受震動，法里斯說道：「正是在加油站的工作使我學習到了嚴格的職業道德和應該如何對待顧客。在我以後的職業經歷中產生了非常重要的作用。」

對那些不能最大限度的滿足顧客的要求，不想盡力超出客戶預期提供服務的人；對那些沒有激情，總是推卸責任，不知道自我批判的人；對那些不能優秀的完成上司交付的工作，不能按期完成自己的分內工作的人；對那些總是挑三揀四，對自己的老闆、工作、公司這不滿意，那不滿意的人，最好的救治良藥就是：端正他的坐姿，然後面對他，大聲而堅定的告訴他：記住，這就是你的工作！

是的，既然你從事了這一職業，選擇了這一職位，就必須接受它的全部，就算是屈辱和責罵，那也是這個工作的一部分，而不是僅僅只享受它給你帶來的益處和快樂。

面對你的職業，你的工作崗位，請時時記住，這就是你的工作！時時不忘工作賦予你的榮譽，不要忘記你的責任，也不要忘記你的使命。一個輕視工作的人，他也必將被這個激烈競爭的現實社會所淘汰。

美國前教育部長威廉．班奈特曾說：「工作是需要我們用生命去做的事。」對於工作，我們又怎能去懈怠它、輕視它、踐踏它呢？我們應該懷著感激和敬畏的心情，盡自己最大的努力，把它做到完美。當我們在工作中遇到困難時，當我們試圖以種種藉口來為自己開脫時，讓這句話來喚醒你沉睡的意識吧：記住，這是你的工作！

只要你自己一天不退出工作崗位，也不打算從職場的舞臺上消失，你就沒有理由不認真對待自己的工作。

9. 像大象一樣腳踏實地的工作

那些腳踏實地工作的人更容易得到上司的重用，因為上司在委任工作時，除了考慮一個人處理業務的能力以外，還要考慮這個人的人品和德行。

很多大學生剛出校門，就希望明天當上總經理；剛創業，就期待自己能像比爾．蓋茨一樣成為富人之首。要他們從基層做起，他們會覺得很丟面子，甚至認為他的老闆對他簡直是大材小用。儘管他們有遠大的理想，但又缺乏對專業的了解和豐富的經驗，也缺乏像大象一樣腳踏實地的工作態度。

腳踏實地是一個職場人士所必備的素養，也是實現你加薪升職、成就一番事業的關鍵因素，自以為是、自高自大是腳踏實地工作的最大敵人。你若時時把自己看得高人一等，處處表現得比別人聰明，那麼你就會不屑於做別人的工作，不屑於做小事、做基礎的事。

因此，每個職場中的人要想實現自己的理想，就必須調整好自己的心態，打消投機取巧的念頭，從一點一滴的小事做起，在最基礎的工作中，不斷的提高自己的能力，為開始自己的職業生涯累積雄厚的實力。

第一，你要認真完成自己的工作，不管是做基礎的工作，還是高層的管理工作，都要把全部精力放在工作上，並且任勞任怨，努力鑽研。在工作中逐漸提高自己的業務水準，成為企業的業務菁英。

第二，在工作中，懷有一顆平常心，成功了不驕傲，失敗了也不氣餒，不要因為情緒波動而影響了工作。

第三，要做一個積極實踐者，根據公司的具體情況，提出切實可行的方案或計畫，並和大家一起完成它，不但要有設計完美方案的本領，又要具備落實方案的能力。

如果你在實踐中累積了雄厚的實力，練就了堅強的業務本領，成為企業的中堅力量，你還

從來就沒有懷才不遇

知道自己是什麼咖，成為最夯的獵才目標

會擔憂上司不重視、沒有升職加薪的機會嗎？

腳踏實地的人，很容易控制自己心中的激情，避免設定高不可攀、不切實際的目標，也不會憑藉僥倖去亂闖，而是認認真真的走好每一步，踏踏實實的用好每一分鐘，甘於從基礎工作做起，並能時時看到自己的差距。

那些自以為聰明的人，極容易頭腦發熱，不自量力的承接具有極高難度的工作，結果輸得慘不忍睹，而如果把自己看得笨拙一些，你就不會赤膊上陣做傻事。適當的笨拙可讓你遇事三思，分析自己的長處和缺點，權衡利弊之後再動手，並時常拿實力與自信相對比，不逞匹夫之勇。如果冒險了就一定要有所收穫。

日常工作中，誰都會遇到有困難的時候。在遇到難題的時候，不要顧忌自己的面子、自己的地位，而應向那些業務高超的職員學習，在「聰明人」都不願意做基礎工作時，認真的對待自己的工作（基礎的工作）。在自己的專業領域裡潛心研究、埋頭苦幹，不要讓自己的聰明才智埋沒在耍小聰明上。

職場中的人要記住：只有埋頭苦幹的人，才能顯出真正的聰明，才能成就一番事業。

誰都希望能得到上司的重用，都希望上司能把最重要的工作交給自己完成，但並不是所有人都能成為上司眼中的「紅人」。一般來說，那些腳踏實地工作的人更容易得到上司的重用。因為上司在委任工作時（尤其是重要工作），除了考慮處理業務的能力以外，還要考慮這個人的人品和德行。德才兼備的人是承擔重要工作的最佳人選。而腳踏實地工作的人又擁有了良好

的品德和雄厚的實力。而那些眼高手低、不能踏踏實實工作的人很難得到上司的重用，公司一方面擔心他們不具備堅強的業務處理能力，另一方面又擔心他們會洩露公司祕密。

李嘉誠說：「不腳踏實地的人，是一定要當心的。假如一個年輕人不腳踏實地，我們任用他就會非常小心。你建造一座大廈，如果地基不好，上面再牢固，也是要倒塌的。」

所以，假如你希望你的上司能夠從內心重視你，並委以重任，你就應該像大象一樣踏踏實實的工作，在實踐中提高自己的能力，沿著自己既定的事業目標實現自己的個人價值。

要做到像一隻大象那樣腳踏實地，你就得摒棄以下幾個有害的想法：

①「憑我學歷和能力根本不該做這些小事。」

即使你擁有很高的學歷，擁有許多先進的理論知識，你也需要從較基層的工作做起。因為每個公司都有自己的實際情況，若不區分這些個別特點，而將理論生搬硬套進來，很可能會造成公司的損失。所以，還是應從基層工作做起，細緻的了解公司的整體運作，再運用知識提出切實可行的建議更好一些。

②「現在的工作只是跳板，只要完成工作任務就行了。」

由於人才飽和的現狀，想一下子就找到適合自己的工作的確有些困難，即使你目前所做的工作不是你理想的工作或者不適合你，也不可抱有這種不負責任的想法。你可以把它當作你的一個學習機會，從中學習處理業務，或者學習人際交往，或者僅僅作為校園到社會的緩衝，而認真的做好這份工作。這樣不但可以獲得很多知識，還為以後的工作打下良好基礎。

③「即使能力有限，我也要承擔下來此項工作，這樣別人就會對我刮目相看。」

很多人為了表現自己高人一等、與眾不同，而去承接有較高難度的工作，結果反而常把工作搞砸。在工作方面要做值得別人信賴的人，對工作全力以赴，盡可能的把工作做好。遇到困難或業務難題時，要主動請教他人，並儘快解決。對自己能力所不及的事情要勇於放棄，以免耽誤了工作。

森林中大象正是由於它依靠自己龐大的身軀和沉穩的步伐，才在動物王國中樹立了威嚴，你也需要在工作生活中向踏實穩重的大象學習。

10. 謹慎對待跳槽問題

離職之前一定要仔細考慮，要善於自我反省，適當調整工作態度，重新認知自我，這是解決問題的可行之道。

當你決定要離開這家公司時，不妨先轉變一下心情，以一種全新的視角重新觀察公司、工作和老闆，或許，你的離職想法就會因此放棄。你可能會猛然間意識到，公司遠非你想像的那樣前景不堪，老闆也不像你想像的那樣苛刻，你在公司裡還有相當的升遷空間。

在實際生活中，許多人只是盲目跳槽，他們從不反省自己，只盯著新工作、新公司、新老闆所謂的優點。這種人總是以一種想當然的心態面對問題，總以為可以透過工作環境的轉變而解決問題。他的工作目標往往不清晰，但期望卻很高，然而隨之的失望也高。失望越大，對周圍的環境或人的不滿意就越多，從而惡化情緒，工作也失去了激情和動力，最終在公司裡待不下去，不得不另找工作。而正確的做法是：離職之前一定要仔細考慮，要善於自我反省，適當調整工作態度，重新認知自我，這是解決問題的可行之道。

研究表明，跳槽的原因主要有以下十種：

①　薪資不高

對這個問題，你要清楚，薪資與貢獻是成正比的，如果你一直工作努力，忠於公司，老闆肯定會重視你，加薪未來可期。而且，你不能光看著有形收入，還要計算一下無形收入，比如人際關係、培訓機會以及工作經驗的累積等等。

②　沒有受到重用

你是否清楚自己的優點和興趣？你在公司裡還有無發展的餘地？這些問題都是客觀存在的，不能掩蓋。你不僅要自省，還要多和老闆溝通交流。如果你驕傲自大、自以為是，這不僅會阻礙自己的發展，還可能埋沒你的才能。只有和老闆共同努力，才能發揮你的才能，實現你的抱負。

③　和公司的經營理念存在差異

你不妨站在公司的立場，以更冷靜的心態想想公司的發展，或許這樣視野會開闊些。你將可能發現，和公司之間的分歧，真正的原因並不在公司，而是自己沒有把自己的想法表達出來。

假如這樣還是無濟於事，為什麼不主動去適應公司的規劃？為什麼不主動去理解老闆的經營方略？要善於等待機會，抓住機會，向老闆正確傳遞自己的想法。

④　工作時間過長

關於這個問題，首先你要搞清楚，是自己能力不行，還是工作量太大？如果是前者造成的，就要虛心學習，以提高自己的工作能力；如果是由於後者，就要心平氣和的與老闆商量，溝通自己的真實想法。逃避不是解決問題的辦法。

⑤　討厭公司的工作

首先，你要弄清楚，這是由於自己心胸狹窄，還是由於公司的氛圍不行？只有真正從心理上解決這一問題，你才能心平氣和的工作，而不管是在哪家公司。如果是人際關係不行，為什麼不想辦法改變自己，或者努力去適應別人？如果總是站在自己的角度想事情，那麼最後還是自己吃虧。努力拓展自己的心胸吧，因為，退一步海闊天空。

⑥　培訓不足

沒有哪一項工作沒有挑戰，壓力是一定存在的。在工作中，對提升自己具決定性作用的是工作態度，而不是培訓。任何人都希望和一個明智的老闆、充滿激情的同事相處。

⑦　提升機會不足

為什麼自己總不能有升遷的機會？是老闆的眼光不行，還是自己的工作能力不行？在背後議論別人的長短對自己沒有多大益處，認為獲得升遷的人只是比自己更會拍馬屁是再愚蠢不過的想法。你首先要做的應該是反思自己，端正態度，從而努力工作。

⑧ 交通不暢

為什麼不能早點起來？為什麼每天都睡這麼晚？懶惰是人之常情，但在工作時就應克服這種心理，否則，沒有付出哪來的回報。

許多人不是從工作的角度出發變更住處，而是以住處為中心座標來找工作，這是一種不明智的做法。

⑨ 對行業前景和公司未來堪憂

首先要明白，公司或行業前景的好壞不能妄加猜測，必須理智做出正確的判斷。其次，經濟環境好時，也有賠錢的公司，不行的時候，同樣有公司賺大錢。不能在行業的前景中搜尋工作懈怠的理由。任何時候，只要你能力出眾，你就有立足之地。而最能展現員工的工作素養的時候，就是在經濟狀況不好或公司效益不佳的時候。

⑩ 自我能力未能完全認可

不要感嘆自己是大材小用，要知道，我們往往會高估自己的能力。要在職場立足，就要充分認識自己的價值。多和老闆聊聊自己的奮鬥目標，訓練自己做大事的思維和行動能力，你就有機會取得成功。

你不妨對照一下，看自己是否屬於其中的一種，以找到問題的關鍵，及時調整自己。

11. 只有忠誠的人才會走向成功

忠誠並不單單代表是對某人的忠心，它在本質上是一種負責的職業精神，它實際上更是一種敬業精神，而不單純是對某個公司或老闆的忠誠。

具備忠誠這種美德的人，他不僅對老闆忠誠，更重要的是，他忠於自己、忠於社會、忠於他的國家。

湯瑪斯·傑克遜所說：「敢於行動而且勇於負責的人一定能夠成功。」那些不怕他人非難，內心有著大無畏勇氣的人，往往對自己的道德品行相當自信。品德不忠誠的人必定不是一個完全意義上的人。隨著集體力量的增強，人生日益豐富多彩，事業富成就感，工作也就成為一種理所當然的享受，這在相當程度上有賴於對公司的忠誠，對老闆的忠誠，以及和同事的齊心協力、同舟共濟。

而那些整日在背後說長道短、搬弄是非的人最終將被自己所孤立。老闆不會器重他，同事不願和他來往，升遷的機會也會不斷失去。所以，職位越高，忠誠度的要求也越高。對公司越忠誠，老闆也必將更為器重你。

當然，你對公司的忠誠是要經受考驗的。當公司經營出現阻礙的時候，正是檢驗員工忠誠度的最佳時機。甚至在某些公司，很多的老闆會自己製造危機，以考驗員工的忠誠。

11.　只有忠誠的人才會走向成功

傑克曾去某家大公司應徵部門經理，公司老闆告訴他說要先試用三個月。但是，老闆竟把他派到商店做銷售員。一開始，傑克不能接受，但最終他還是熬過了試用期。後來，他搞清楚了老闆把他調到基層去的原因：他開始對行業不熟悉，不了解公司的內部情況，只有從最簡單的做起，才能全面了解公司，熟悉各種業務。

傑克應徵的是部門經理，公司老闆卻讓他從基層做起，儘管這樣，他還是堅持完成了。事實證明，他的選擇是對的，他完成了老闆對他的考驗，熟悉了公司業務，全面了解了公司，對公司的規劃有了清晰的認知，累積了經驗，這些都為他今後的工作奠定了基礎。試用期後，他正式就任部門經理，領導員工實現優秀的業績，為公司的發展作出巨大貢獻。六個月後，由於業績出眾，傑克獲得了升遷。緊接著，傑克在處理公司事務時遊刃有餘，一年之後，由於總經理調走了，他也自然而然的成了總經理。

經營一個公司，老闆所冒的風險最大，比如資金的投入，以及員工的管理，其壓力非一般員工可以比擬和承受。公司一旦倒閉，老闆是最大的風險承擔人，但任何一個員工都可以再換工作。因此，老闆總是「刁難」你，這是因為他器重你，他想考察你的忠誠度。一旦考察證明你忠誠不二，你就將被重用。當然，無論是出自內心的給予，還是情願讓老闆「刁難」你，忠誠都是感情和行動的付出。有付出就一定有回報。

永遠不要認為忠厚老實意味著軟弱無能，陰險狡詐則可百般鑽營，從而風光無限，這是很多人對世情的一種單方面的理解。事實上，這只是事物的表象，他們沒有真正搞清楚事物的本質。投機取巧者不會有高尚的品德，而忠誠的人也不可能沾染不良的惡習。忠誠的人將因為德操高尚而盡享人生樂趣，而陰險狡詐之人則肯定要受心理的煎熬。當一個人真正心靜如水，拋棄各種雜念之後，他就能意識到，苦難乃是上蒼對自己美德的考驗，是對自己最好的鍛煉。

還要知道的是，忠誠並不單單代表是對某人的忠心，它在本質上是一種負責的職業精神，它實際上更是一種敬業精神，而不單純是對某個公司或老闆的忠誠。

人的一生不見得一直從事一種行業或處於一個工作崗位，但要做就要做好，這是一個人應有的對待職業的高度責任感。假如你沒有這種負責的精神，就不可能把工作做好。

對一個公司而言，忠誠將大幅提高公司效益，增強凝聚力，提升競爭力，使公司在風雲變幻的市場中站穩腳跟。對一個職場人士而言，忠誠可以有效的使自己與公司相結合，把自己真正當成公司的一分子。

第二種人　主動進取的人

有兩種人絕對不會成功：一種是除非別人要求他，否則絕不主動做事的人；第二種人則是即使別人要求他，也做不好事的人。那些不需要別人催促，就會主動去做應做的事，而且不會半途而廢的人必將成功。

——亞伯拉罕．林肯

1. 視一份工作為一次工作機會

現代社會競爭激烈，無論你任職於哪家公司，都應提高自身工作效率，提高工作能力，培養進取心。

美國作家阿爾伯特·哈伯德是《把信送給加西亞》的作者，在一次演講時講述了他幾周前到某個國家的一個小鎮的經歷：

……我們參觀了那裡的法庭、第一國家銀行、磚廠、醫院和監獄。之後，他們帶我參觀了當地的水力發電廠。那是一個壯觀的鋼混結構工程，大部分的時間都利用水力發電。

水電站的負責人是一個年方二十一歲的年輕人。我注意到他的紐扣處別著一枚發光的朱比特徽章。所以我們的話題就從朱比特開始了。

我注意到前往水力發電廠的公路兩百五十公里處有一條磚道。這個年輕的負責人無意中提到，那是他和他的工人們一起鋪建的。他開玩笑說，他們這樣做僅僅是為了消磨時間。

通常，那樣的工作都是交由包工隊完成的，但我發現在這裡卻是由這個年輕人掌控全場。他很有經濟頭腦。

我問了他幾個問題，諸如他是哪裡人等等，但他微笑著將話題避開，然後又將我的注意力拉回到他們新引進的發電機上。在回程的路上，一個組委會官員對我說：「你最好注意一下那個年輕的孩子。他三年前才來到這裡的，當時我們正在建設發電廠，包工頭雇用他當他們的送

第二種人　主動進取的人

1.　視一份工作為一次工作機會

水員，而第二周，他就當上了計時員。』

一天晚上，老闆看到他撕開幾公尺長的紅色法蘭絨布，然後將它們包在日光燈上。看起來他們沒有足夠的紅燈照明。他很抱歉的解釋說他們沒有足夠的資金購買相應的設備來替換已損壞的那些。

這就是他所有的回答。他從不多說什麼無益的話，但他總是能將事情做得很好。他總是早上很早便來電廠上班，而且往往是晚上最晚一個離開。

他在水電廠勤勤懇懇的工作了一年。當包工隊將要離開的時候，這個小夥子已經當上了包工隊的老闆助理。

每次老闆去芝加哥開會的時候都會把所有的權力放到他的身上。沒有什麼所謂的『任命』，他就那麼自然而然的臨時接替了老闆的職務。

接著，包工隊又在可庫卡找到了另一份工作。當包工隊的老闆去那個城市指揮工作的時候，他又把這裡的一切事物交由小夥子全權處理。

最後，當一切工程就緒，發電廠開始正常運行之時，我們決定留下這個能幹的小夥子。包工隊的老闆在電話裡不同意放人，而我們則堅持要聘用他。雖然他本人也覺得他應該跟隨最初收留他的包工隊，但我們應允向他提供等值於一萬美金的股票作為薪水時才留下他。

現在，他是屬於我們的財產，也是這個城市的一員。他說的很少，但很專注於他的工作，從不參與任何紛爭、口角或派系的明爭暗鬥。他已經學習了電力工程，現在他對管理水電廠方面的知識掌握的相當好，絕不亞於我們平時所掌握的經濟知識。他還時常鼓勵大家學習和運用先進知識。他還草擬計畫、畫草圖，並向大家提供好的建議。大家都說：『如果你給他充足的時間，他一定可以做到一切你所期望他做到的事！』」

要將一份工作視作一次機會。而現代社會，這樣的人很難尋找，很多年輕人總是幻想著下一份工作將會更加理想。

事實上，沒有什麼能比哈伯德所講述的那個年輕小夥子的艱辛成長歷程更讓人感到敬佩了。

我們應讓這樣的精神鼓舞自己前進。現代社會競爭激烈，無論你身處哪家公司，都應更加提高自身工作效率，提高工作能力，培養進取心。最起碼，你的老闆需要你成為這樣的一種人。

2. 變消極拖延為積極行動

如果你發現自己經常為了沒做某些事而製造藉口，或是想出千百個理由來為沒能如期實現計畫而辯解，那麼現在正是該面對現實好好做人的時候了。對任何一位職業人士而言，拖延都是最具破壞性、最具危險的惡習，因為它使你喪失主動的進取心。而更為可怕的是，拖延的惡習具有累積性，唯一擺脫這一惡習的方法就是——積極的行動。

假如你也做事拖延，那你就絕不是稱職的員工。如果你存心拖延逃避，你就能找出絕佳的託辭辯解為什麼事情不可能完成或做不了，而事情該做的理由卻少之又少。把「事情太困

2. 變消極拖延為積極行動

難、太昂貴、太花時間」種種藉口合理化，要比相信「只要我們夠努力，就能完成任何事」容易得多。

如果你發現自己經常為了沒做某些事而製造藉口，或是想出千百個理由來為沒能如期實現計畫而辯解，那麼現在正是該面對現實好好做人的時候了。

歌德說：

「把握住現在的瞬間，從現在開始做起。只有勇敢的人身上才會富有天分、能力和魅力。因此，只要做下去就好，在做的歷程當中，你的心態就會越來越成熟。能夠有開始的話，那麼，不久之後你的工作就可以順利完成了。」

很多人在要工作時會產生厭煩的情緒，如果能把這種不良情緒壓抑下來，心態就會愈來愈成熟。而當情況好轉時，就會認真的去做，這時候就已經沒有什麼好怕的了，而工作完成的日子也就會愈來愈近。總之，你必須即刻行動才能解決拖延問題。哪怕只是一天甚至一分鐘的時間，也不可白白浪費。這才是真正積極主動的工作態度。

有一種人是典型的完美主義者，在職場上，就成了典型的完美主義員工，他們覺得沒有人能做得比他們好，所以不懂得授權給別人。他們認為自己比別人都行，因此他們從不聽取別人的建議，也不要求任何協助。他們會無限延長工作完成的時間，因為他們需要多一點時間讓它更完美，而忽視別人的需要。他們以為只要他們一直在做事，就表示還沒有完成；只要還沒有完成，他們就可以避免別人的批評。完美主義者根本上自我表現狀態是：即使我什麼事都沒做，也還是比別人優越。

隨時隨地都有很多繁雜的事務需要處理，如果你正受到怠惰的鉗制，那麼不妨從手邊的任何一件事開始。是什麼事並不重要，重要的是你突破了無所事事的惡習。從另一個角度來說，如果你想迴避某項雜務，那麼你就應該從這項雜務入手，立即進行。否則，事情還是會不斷的困擾你，使你覺得煩瑣無趣而不願意動手。

工作中，如果需要你撥通電話給客戶，但由於拖延的習慣，你沒有打這通電話。你的工作可能因這通電話而延誤，你的公司也可能因這通電話而蒙受損失，更糟糕的是，如果你的思想還停留在消極拖延的狀態，你根本不會意識到因此造成公司的損失。

不論何時，當你感到拖延苟且的惡習正悄悄的向你靠近，或當此惡習已迅速纏上你，使你動彈不得之際，你都需要用——立即行動——這句話來提醒自己。

積極的人生總是會有更多的驚喜出現，積極的去工作，你會得到比你想像的更多的物質和精神上的收穫。

3. 自動自發的工作

工作需要熱情和行動，工作需要努力和勤奮，工作需要一種積極主動、自動自發的精神。只有以這樣的態度對待工作，我們才可能獲得工作所給予的更多的獎賞。

不知道有多少人每天在匆忙中上班、下班，在發薪日領自己的薪水，高興一番或者抱怨一

第二種人　主動進取的人

3.　自動自發的工作

番之後，再匆忙的上班、下班……他們幾乎從未認真考慮過關於工作本身的問題：工作是什麼？工作又是為什麼？就是這樣，很多人只是被動的應付工作，為了工作而工作，他們無法在工作中投入自己全部的熱情和智慧。他們只是機械性的完成任務，而不是具創造性、自動自發的工作。我們沒有想到，我們雖然準時上下班，可是，我們的工作很可能是死氣沉沉的、被動的。當我們的工作被無意識所支配的時候，我們對工作的熱情、智慧、信仰、創造力很難發揮到最大程度，我們的工作也難以有卓越的成效。我們只不過是在「混工作」而已！

哈伯德說：「工作是一個包含了諸多智慧、熱情、信仰、想像和創造力的詞彙。」卓有成效和積極主動的人，他們總是在工作中付出雙倍甚至更多的智慧、熱情、信仰、想像和創造力，而失敗者和消極被動的人，卻將這些深深的埋藏起來，他們有的只是逃避、指責和抱怨。顯然，成功者與失敗者對待工作的態度是截然相反的，這也正是為什麼前者是成功者而後者淪為失敗者的原因所在。

工作首先是一個態度問題，是一種發自肺腑的愛，一種對工作的真愛。工作需要熱情和行動，工作需要努力和勤奮，工作需要一種積極主動、自動自發的精神。只有以這樣的態度對待工作，我們才可能獲得工作所給予的更多的獎賞。

老闆心裡很清楚，那些每天早出晚歸的人不一定是認真工作的人，那些每天忙忙碌碌的人不一定是優秀的完成了工作的人，那些每天按時打卡、準時出現在辦公室的人不一定是盡職盡責的人。

從來就沒有懷才不遇

知道自己是什麼咖，成為最夯的獵才目標

對很多人來說，每天的工作可能是一種負擔、一種不得不完成的任務，並沒有做到工作所要求的那麼多、那麼好。對每一個企業和老闆而言，他們需要的絕不是那種只有遵守紀律、循規蹈矩，卻缺乏熱情和責任感，不夠積極主動、自動自發的員工。

工作就是自動自發，工作就是付出努力。正是為了取得成就與收穫，我們才專注於此，並朝此方面付出精力。工作不是我們只為了謀生才做的事，而是超越了工作自身的職能而必須要去做的事！

成功取決於態度，取決於自動自發的主動態度。所謂的主動，指的是隨時準備把握機會，展現超乎他人要求的工作表現，以及擁有「為了完成任務，必要時不惜打破常規」的智慧和判斷力。知道自己工作的意義和責任，並永遠保持一種自動自發的工作態度，為自己的行為負責，是那些成就大業之人和凡事得過且過之人最根本的區別。明白了這個道理，並以這樣的眼光重新審視我們的工作，工作就不再成為一種負擔，即使是最平凡的工作也會變得意義非凡。

在各式各樣的工作中，當我們發現那些需要做的事情，即使並不是分內的事，就意味著我們發現了超越他人的機會。因為在自動自發的工作的背後，需要你付出的是比別人更多的智慧、熱情、責任、想像和創造力。而且這也正是促使你成為一個優秀的職員、管理者、老闆所迫切尋找的那種人的精神動力的所在。

4. 努力成為公司不可或缺的人

不可或缺的人是這樣的人：面臨打擊和失敗時他不會逃之夭夭，也不會撒手不管，他能夠勇於面對公司的財務赤字，勇於承擔羞辱與失敗。

如果你在某一家公司從事業務工作，那麼隨時記住，要永遠以公司的名義從事業務往來，而不要以個人的名義進行。

如果公司的職員或銷售人員以他們的名義作為信函的開頭，並讓顧客與他們個人發送業務信件，那他們就大錯特錯了。在業務中你應該忘卻個人，這是你在一家大公司要付出的代價。不要對此持任何異議，這是你必須面對的事，因為所有大公司都得面對這樣的情形，無一例外！這對一個公司的發展是十分必要的。如果你想單打獨鬥，以個人的名義從事業務往來，那麼你就只能待在小地方，賺取你自己的那點蠅頭小利了。

當然有人會這麼認為：如果客戶直接把訂單給我，我不僅能與他熟識，而且更能清楚他的需求，這會比以公司名義能更妥善的照顧到客戶的實際需求。而且，將顧客的需求透過幾個部門輾轉傳達，最後才下達到實際生產銷售部門，這也大大的浪費了時間。然而，長期的經驗證明，與個人直接交流並不一定能「節省時間」。的確，有時候一份緊急的訂單在當天晚上就能送到個人手中，但是如果你所認識的那個人出去釣魚了、打球了、生病了或是辭職去了競爭的公司，那豈不是事與願違了嗎？

從來就沒有懷才不遇

知道自己是什麼咖，成為最夯的獵才目標

在實際業務中，有很多目光短淺的銷售人員將公司業務據為己有，將公司的顧客看作是個人的財產。為此公司必須要建立一整套固定的規章和制度，並形成公平、公正交易的信譽，否則它無法在激烈的市場競爭中存活下來，也無法提供員工穩定的工作和合理的報酬。

公司的規章和制度一旦確立，作為員工，你不要鑽牛角尖的試圖更改公司制度。相反的，要和公司的規章制度保持一致，站在公司一邊，為公司自豪，尊重公司，支持公司，將公司的利益看成是你自己的利益。只有這樣做的人才能成為公司真正不可或缺的人，才能夠成為在業務中拿滿分、得高分的人。與此相反的做法是，在公司的大旗下經營自己。他整天忙忙碌碌的，接連不斷收到各種送禮、信件、請柬、恩惠、拜訪。慢慢的他會變得驕傲起來，當別的銷售人員招待他的顧客或是處理他的信件時，他會抱怨。他開始暗藏玄機、鑽營妄為。由此，會經常與同事鬧矛盾，把自己的利益淩駕於公司整體利益之上。

我們應該和集體一起成長，而不是遠離集體。

永遠不要因為自己的業務成績沾沾自喜，甚至經常威脅說要帶走其他員工和顧客離開公司。否則，最後得不償失的將是你自己，因為無論哪家公司，都不會「寬容」像你這樣自私自利的人。

即便你可能又找到了一份新工作，但也只是為了再一次實現你的個人抱負而已。而事實上你並未學到任何有價值的東西，因為當你到一家新公司時，你便又開始「身在曹營心在漢」，夾帶著實現自己美好抱負的願望，開始與自己公司的競爭對手建立聯繫，以獲得一份更好的工

作。公司的利益也是你的利益，個人利益的取得是建立在公司利益基礎之上的，如果你無法意識到這一點，你就會掉入利己主義的深淵。

一個優秀的職員應該具備這樣的品質：面臨打擊和失敗時他不會逃之夭夭，也不會撒手不管，他能夠勇於面對公司的財務赤字，勇於承擔羞辱與失敗。所有在烏雲密佈時還渴望自由翱翔的人都會與公司的規章制度保持一致。

要記住這一點：「除非有人站出來承擔失敗的責任，否則就沒有可以用來分配的利益。同樣，一個能夠真正成大器的人也要甘願充當小人物。捫心自問，你肯於充當這樣的小人物嗎？

5. 比老闆更積極主動的工作

能夠做到比老闆更積極主動工作的人並不多，但不等於不可能或沒有，如果你能成為其中一員，當然會有很大收穫。

如果你想取得優秀員工一般的成績，辦法只有一個，那就是比那個優秀員工更積極主動的工作；如果你想取得像老闆今天這樣的成就，辦法只有一個，那就是比老闆更積極主動的工作。

事實的真相是，很多人認為公司是老闆的，自己只是替別人工作。再好的工作表現，再好的業績，得好處的還是老闆，與己無關。存在這種想法的人很容易成為「按鈕」式的員工，天

從來就沒有懷才不遇

知道自己是什麼咖，成為最夯的獵才目標

天按部就班的工作，缺乏活力，有的甚至趁老闆不在就沒完沒了的打私人電話或無所事事的放空。這種想法和做法無異於在浪費自己的職場前程。

英特爾總裁安迪．葛洛夫應邀對加州大學伯克萊分校畢業生發表演講的時候，提出以下的建議：

「不管你在哪裡工作，都別把自己當成員工——應該把公司看作自己開的一樣，這樣你才不會成為某一次失業統計資料裡頭的一分子。」而且千萬要記住：從每週新的工作之日起就要啟動這樣的程式。

如何才能夠把自己當作公司老闆的想法表現於行動呢？那就是要比老闆更積極主動的工作，對自己所作所為的結果負起責任，並且持續不斷的尋找解決問題的辦法。照這樣堅持下去，你的表現便能達到嶄新的境界，為此你必須全力以赴。

不要認為老闆整天只是打打電話，喝喝咖啡那樣輕鬆。實際上，他們只要清醒著，腦中就會思考著公司的發展方向。一天十幾個小時的工作時間並不少見，所以不要吝惜自己的私人時間，除了自己分內的工作之外，盡量找機會為公司做出更大的貢獻，讓公司覺得你物超所值。要盡量彰顯自己的重要性，使自己不在工作崗位上時，公司的運作顯得很難進行。

另外，任何工作都存在改進的可能性，搶先在老闆提出問題之前把答案奉上的行動最深得老闆之心，因為只有這樣的員工才真正能減輕老闆的精神負擔。工作交到老闆手上後，他就不用再為此佔用大腦空間，可以騰出來思考別的事情了。當然，能夠做到這一點的人並不多。

老闆之所以成功，就是因為他們能一步步累積，而且從不滿足。如果你想比他更出色，就應該時時警告自己不要躺在沙發上偷懶，讓自己每天都站在別人無法企及的位置上，這樣機會很快會垂青於你。

能夠做到比老闆更積極主動工作的人並不多，但不等於不可能或沒有，如果你能成為其中一員，當然會有很大收穫。

6. 始終以最佳的精神狀態工作

以最佳的精神狀態去發揮自己的才能，就能充分發掘自己的潛能，你的內心同時也會變化，變得更加有信心，別人也會更加認識你的價值。

可能很難說清楚，精神狀態是如何影響人們的工作的，但是我們都知道沒有人願意跟一個整天提不起精神的人打交道，也沒有哪個老闆願意提拔一個精神萎靡不振，滿腹牢騷的員工，這一點是毋庸置疑的。

一位原微軟的面試官曾對一個記者說：

「從人力資源的角度講，我們願意招的『微軟人』，他首先應是一個非常有熱情的人，對公司有熱情、對技術有熱情、對工作有熱情。可能在某個具體的工作上，你也會覺得奇怪，怎麼會聘用這麼一個人，他在這個行業涉獵不深，年紀也不大，但是他有熱情，和他談完之後，你會受到感染，願意給他一個機會。」

始終以最佳的精神狀態工作不但可以提升你的工作業績，而且還可以給你帶來許多意想不到的成果。對於剛剛進入公司的員工而言，自覺工作經驗缺乏，為了彌補不足，常常早來晚走，鬥志昂揚，就算是忙得沒有時間吃午飯，依然很開心，因為工作有挑戰性，感受也是全新的。

這種剛剛著手工作時熱情四射的狀態，幾乎每個人在初入職場時都經歷過。可是，這份熱情來自對工作的新鮮感，以及對工作中不可預見問題的征服感，一旦新鮮感消失，工作駕輕就熟，熱情也往往隨之湮滅。一切開始平平淡淡，昔日充滿創意的想法消失了，每天的工作只是應付了事。既厭倦又無奈，不知道自己的方向在哪裡，也不清楚究竟怎樣才能找回曾經讓自己心跳的熱情。時間久了，在老闆眼中你也由一個前途無量的員工變成了一個還算合格的員工。

所以，保持對工作的新鮮感是保證你工作有熱情的有效方法。要想保持對工作恆久的新鮮感，你應先後從以下兩方面開始：

首先，必須改變工作只是一種謀生手段的想法，應該把自己的事業、成功和目前的工作連結起來；

其次，不斷為自己樹立新的目標，挖掘新鮮感；重拾曾經的夢想，找機會實現它；審視自己的工作，看看有哪些事情一直拖著沒有處理，然後把它做完……

在你解決了一個又一個問題後，自然就產生了一些小小的成就感，這種新鮮的感覺就是讓熱情每天都陪伴自己的最佳良藥。

可喜的是，精神狀態是可以互相感染的，如果你始終以最佳的精神狀態出現在辦公室，工

6.　始終以最佳的精神狀態工作

作有效率而且有成就，那麼你的同事一定會因此受到鼓舞，你的熱情會像野火般蔓延開來。

麥克是一個汽車行的經理，這家店是二十家連鎖店其中一家，生意相當興隆，而且員工都熱情高漲，以自己的工作為傲。

但是麥克來此之前，情形並非如此，那時，員工們已經厭倦了這裡的工作，甚至認為這裡的工作枯燥至極，公司中有些人已打算辭職，可是麥克卻用自己昂揚的精神狀態感染了他們，讓他們重新快樂的工作起來。

麥克每天第一個到達公司，微笑著向陸續到來的員工打招呼，把自己的工作一一排列在日程表上，他創立了與顧客聯誼的員工討論會，時常把自己的假期向後推遲。總之，他盡他一切的熱情努力為公司工作。

在他的影響下，整個公司變得積極上進，業績穩步上升，他的精神改變了周圍的一切，老闆因此決定把他的工作方式向其他連鎖店推廣。

查理．鐘斯提醒我們：

「如果你對於自己的處境都無法感到高興的話，那麼可以肯定，就算換個處境你也照樣不快樂。換句話說，如果你現在對於自己所擁有的事物，自己所從事的工作，或是自己的定位都無法感到高興的話，那麼就算獲得你想要的事物，你還是一樣不快樂。」

因此要想把自己變得積極起來，這完全取決於你自己。在充滿競爭的職場裡，在以成敗論英雄的工作中，誰能自始至終陪伴你，鼓勵你，幫助你呢？不是老闆，不是同事，不是下屬，也不是朋友，他們都不能做到這一點。唯有你自己才能激勵自己更好的迎接每一次挑戰。

始終以最佳的精神狀態工作，讓老闆覺得你是一個值得信賴而又富有熱情的人。越是疲倦的時候，就越穿戴整齊、越有精神，讓人完全看不出一絲倦容。

總之，每天精神飽滿的迎接工作的挑戰，以最佳的精神狀態發揮自己的才能，就能充分發掘自己的潛能。你的內心同時也會變化，變得越發有信心，別人也會越發認識你的價值。

良好的精神狀態是你責任心和上進心的外在表現，這正是老闆期望看到的。儘管良好的精神狀態不是財富，但它會給你帶來財富，也會讓你得到更多的成功機會。所以就算工作不盡如人意，也不要愁眉不展，無所事事，要學會掌控自己的情緒，讓一切變得積極起來。

7. 摒棄懷才不遇的想法

最好摒棄「懷才不遇」的感覺，因為這會成為你心理上的負擔。勤奮的做該做的事，就算是大材小用，也把它當成人生一件樂事。

似乎每個地方都有「懷才不遇」的人，這種人有的真的懷才不遇，因為客觀環境無法配合，但為了生活又不得不屈就，所以痛苦不堪。

是否有才華的人都是這樣？絕不是，雖然有時千里馬無緣見伯樂，但大部分都是自己造成的。有才華的人常自視過高，看不起能力、學歷比他低的人，可是社會上的事很複雜，並不是你有才華就可以得其所，別人看不慣你的傲氣，就會想辦法修理你；至於上司，因為你的才能

第二種人　主動進取的人

7. 摒棄懷才不遇的想法

威脅到他的生存，如果你不適度收斂，又怕別人不知你有才能似的亂批評，那麼你的上司絕對會打壓你，不讓你出頭。人與人的鬥爭就是這麼回事，於是你就變成「懷才不遇」了。

而另外一種「懷才不遇」的人，根本是自我膨脹的庸才，他之所以無法受到重用，是因為他的無能，而不是別人的嫉妒。但他並沒有認識到這個事實，反而認為自己懷才不遇，到處發牢騷，吐苦水。結果呢？「懷才不遇」感覺越強烈的人，越把自己孤立在小圈圈，無法參與其他人的圈子。結果有的辭職，有的外調，有的則還在原公司繼續「懷才不遇」。

現實生活中，不管你的才能如何，也不要有「有才能無法施展」的念頭，這時候你要千萬記住：就算有「懷才不遇」的感覺，也不能表現出來，因為這樣魯莽的行為不是智慧的表現，不妨從以下幾個方面權衡和完善自我。

①　進行自我能力評估

自己評估自己不客觀，你可找朋友和較熟的同事替你分析，如果別人的評估比你還低，那麼你要虛心接受。

②　檢討能力無法施展的客觀原因

是大環境的限制？還是人為的阻礙？如果是機會問題，那只好繼續等待；如果是大環境的緣故，那只好辭職；如果是人為因素，那麼可以誠懇溝通，並想想是否有得罪人之處，如果是，就要想辦法疏通。

③ 不妨展示其他專長

有時「懷才不遇」是因為專長錯了，如果你有第二專長，那麼可以要求上司給你機會試試看，說不定就此打開一條生路。

④ 開拓人際關係的新局面

不要成為別人躲避的對象，應該以你的才能協助其他的同事；但要記住，幫助別人切不可居功，否則會嚇跑了你的同事。此外，謙虛客氣，廣結善緣，這將為你帶來意想不到的助力。

⑤ 繼續自我能力強化

當時機成熟時，你的才能就會為你帶來耀眼的光芒。

所以，最好摒棄「懷才不遇」的感覺，因為這會成為你心理上的負擔。勤奮的做你該做的事，就算是大材小用，也把它當成人生一件樂事。

也請相信你的老闆，他們是不會讓有用的人清閒度日的。

8. 不單為薪水而工作

不要擔心你的努力會被老闆忽視，因為你的老闆隨時隨地都在觀察你。在你為如何多賺一些錢而反覆思索之前，先考慮一下怎樣才能把工作做得更好。

薪水只是工作的報酬之一，是最直接的，但也是最沒有長遠目光的。為薪水而工作不是明

第二種人　主動進取的人

8.　不單為薪水而工作

智的人生選擇，它沒有長期的打算，結果受害最深的往往是自己。

薪水當然是工作目的之一，但是，如果以一種更為積極的心態對待工作，從中獲得的就不僅僅是錢。相關研究表明，金錢在累積到某種程度之後就不再誘人。當然，也許你還遠遠沒有達到那種境界。但是，如果你對自己負責的話，你就會明白，金錢僅僅是報酬的一種。在金錢回報不多的情況下，那些成功人士是否仍然繼續工作？「當然！我不會有絲毫動搖，因為我對自己的工作有著狂熱的熱愛。」這是大多數人的回答。明智的成功之路是，選擇一種雖然薪水不多，但願意一直做下去的工作。金錢將跟隨你熱愛的工作而來，你也將成為青睞的對象。

不要只為薪資而工作。維持生計當然是工作的一部分，但在工作中充分發揮自己的潛力，使自己的能力得到最大的發揮，這是比維持生計更可貴的。生命的價值不能僅僅是為了麵包，還應該有更高的需求和動力。不要放鬆自己，要時時告誡自己——人要有比薪水更高遠的目標。

生活的品質取決於工作的品質，不管薪水如何，工作都積極努力，內心平靜，這是成功者與失敗者的不同之處。在工作中過於隨便的人，無法在任何領域中取得真正的成功。

因此，你應該明白，老闆支付給你的薪水也許微薄，沒有達到你的期望，但你可以在工作中令這微薄的薪水增值，那就是寶貴的閱歷、豐富的職業訓練、能力的外現和品行的鍛造。這些顯然是不能用金錢來衡量的，也不是簡單的用金錢就能買到的。

工作所回報給你的要比你為它付出的多。從一種積極的學習態度來看，也就是說，把工作

從來就沒有懷才不遇

知道自己是什麼咖，成為最夯的獵才目標

看成一種經驗的累積，顯然，任何一項工作都蘊含著無數成長的契機。

不要刻意考慮薪水的多少，而應珍視工作本身給你創造的價值，要知道，只有你自己才能賦予自己終身受益無窮的黃金，而你的老闆給你的永遠都是可數的金錢。

古往今來，那些成功人士的一生往往是跌宕起伏，像波浪一樣，一下高一下低。命運的起伏使他們失去了很多東西，但有一樣東西是不會失去的，這就是能力。是能力使他們重新躍上事業的巔峰。傑出人物所具有的創新力、決斷力以及敏銳的洞察力往往是人們所欽慕的，然而，他們的這些能力是在長期的工作中鍛煉的，而不是一開始就具備的。他們透過工作了解自己，發現自己，最大程度的發揮自己的潛力。

如果你不僅僅是為薪水而工作，那麼，你從工作中得到的將比你為它付出的更多。只有用心工作，力求進步，你才能在企業甚至整個行業贏得良好的聲譽。

上班的時間，很多人喜歡「忙裡偷閒」，要麼借外出之機遊山玩水，要麼在辦公場所吱吱喳喳，要麼遲到早退……，他們也許並未因此被處分，但卻會留下不好的名聲，失去晉升的機會。假如他們想另謀高就，人們也會對他們失去興趣。

聰明的老闆在鼓勵員工時並不會明確的說：「努力做，我會給你加薪。」而是比較含蓄的表達：「好好做，顯露你的全部能力，我將給你更多的重擔！」與此同時，加薪就是自然而然的事了。

不要顧慮你的努力會被老闆忽視，因為你的老闆隨時隨地都在觀察你。在你為如何多賺一

些錢而反覆思考之前，先考慮一下怎樣才能把工作做得更好。不要費盡心思去說服你的老闆接受你加薪的理由，只要在工作中竭盡全力，薪水自然會提高。

一個名叫詹姆斯的普通銀行職員，在受僱於一家汽車公司六個月後，試著向老闆鐘斯毛遂自薦，看看是否有升職的機會。鐘斯的答覆是：「從現在開始，監督新廠機器設備的安裝工作就由你負責，但不一定加薪，」

糟糕的是，詹姆斯從未受過任何工程方面的訓練，對圖紙一竅不通。然而，他不願意放棄這個難得的機會。因此，他發揚自己的領導特長，自己找了些專業人員安裝，結果提前一個星期完成任務。最後，他得到了升職，工資也增加了十倍。

「我當然明白你看不懂圖紙，」後來老闆這樣對他說，「假如你隨意找個原因把這項工作推掉，我有可能就把你辭掉。」

當某些職位低而薪水少的人被突然提到某個重要工作時，人們往往對此表示質疑。他們不知道，那些拿著低薪的人始終在努力，一以貫之的保持著盡善盡美的工作態度，對工作目標滿腔熱忱，從而累積了豐富的工作經驗，這就是他們得以晉升的真實原因。

對待工作熱情如火、不辭勞苦、主動進取，你就與那些只計較工作時間和薪水福利的人區別開了。

9. 自我管理，自我激勵

成大事者與庸人之間有個最大的區別，那就是，前者善於自我激勵，有種自我推動的力量促使他去工作，並且敢於自我擔當一切責任。

「我欣賞的是那些能夠自我管理、自我激勵的人，他們不管老闆是不是在辦公室，都是一如既往的勤奮工作，從而永遠都不可能被解僱，也永遠都沒有必要為了加薪而罷工。」

這是《致加西亞的信》中作者哈伯德強調的觀點，對你我而言，同樣有教育意義。

那些在事業上頗有成就的人都對自己要求非常嚴格，毋須別人強迫或督促。要想達到事業的巔峰，就不能只在別人注意你的時候才裝模作樣的好好表現一番。任何真正的成功都是個厚積薄發的過程。也許有些人是一夜成名，但是，他們的成功，實際上是透過長期默默奮鬥才得到的。

真的要想達到事業的巔峰，你就要具備積極主動、永爭第一的特質，不管你做的是多麼普通、枯燥的工作。做好自我管理，自我激勵吧，這樣，你才有機會成為管理者或老闆。那些成功人士都是些勇於負責、令人信任的人。

成大事者與庸人之間有個最大的區別，那就是，前者善於自我激勵，有種自我推動的力量促使他去工作，並且敢於自我擔當一切責任。成功的要訣就在於要對自己的行為作出切實的擔當，沒有人能夠阻礙你的成功，但也沒有人可以真正賦予你成功的原動力。

第二種人　主動進取的人

9. 自我管理，自我激勵

哈伯德說：

「在青少年時代和大學階段，我和許多美國年輕人一樣，透過幫別人修自行車、賣字典、做家教、出納等，來獲取收入和賺學費。

我曾經因為這些工作簡單而誤以為它們是低等的。但事實上，正是這些工作在無形中給了我不少啟示，使我學到了許多寶貴的經驗。

在商店打工時，我當時自我感覺很好，因為我能把老闆指派的工作完成。但有一天，我正在閒聊時，老闆過來示意我跟著他。我跟在後面只見他一聲不吭，先是把那些已訂出的貨整理好，接著又清空了櫃檯和購物車。

這使我感到很驚訝，其他人也覺得無從理解。

我的觀念因為這件事而被徹底改變了。它讓我明白了一個道理：除了做好分內工作，還要再多做一點，即使老闆沒有這樣的要求。這樣，我原來覺得低等的工作一下子變得有趣起來，我在工作中也更加努力，由此我也學到更多以前不知道的事物。後來，我離開了那家商店，但是，從那兒學到的東西卻影響了我的一生，它讓我從以前的旁觀者變成了一個積極主動、勇於負責的人。

現在，我也成了企業的一名管理者，但這並沒有改變我的這一習慣——努力去發現需要做的事情，即使那不是我的分內之事。無論哪一行哪一業，只要你會這樣去做，就能夠比別人技高一籌，使你出類拔萃，打開成功的大門。」

現在，著手去做你早就該完成的事情，不要猶豫不決，更不要等待幸運之神的垂青，如果你積極一些，你必將前程似錦。

出色的管理人員總是首先著眼於培養員工的工作主動性，使他成為一名能夠自我管理、自我激勵的人。不用每天督促他，指示要如何才能圓滿的完成工作。

勇敢而主動的工作吧！不要墨守成規，更不要畫地自限，要善於尋找一切工作的機會，積極主動，圓滿的完成老闆交給你的任務。

10. 不斷學習是最佳的工作保障

一個人如果善於學習，他的前途會一片光明，而一個良好的企業團隊，要求每一個組織成員都是那種迫切求進步、努力學習新知識的人。

隨著歲月的流逝，你賴以生存的知識、技能也一樣會折舊。在風雲變幻的職場中，腳步遲緩的人瞬間就會被甩到後面。如果你是工作數年自認「資深」的員工，也不要倚老賣老，妄自尊大，否則很容易被淘汰出局。到時即使你是老闆眼前的紅人，他也會為了公司的利益，逐你出局。

美國職業專家指出，現代職業半衰期越來越短，所以高薪者若不學習，無需五年就會變成低薪。

就業競爭加劇是知識折舊的重要原因，據統計，二十五歲以下的從業人員，職業更新週期

第二種人　主動進取的人

10.　不斷學習是最佳的工作保障

是一年零四個月。當十個人中只有一個人擁有電腦初級證書時，他的優勢是明顯的，而當十個人中已有九個人擁有同一種證書時，那麼原來的優勢便不復存在。未來社會只有兩種人：一種是忙得要死的人，另外一種是找不到工作的人。

所以，不斷的學習才是最佳的工作保障。

在職場上奮鬥的人的學習必須積極主動，因為它有別於學校學生的學習：缺少充裕的時間和心無雜念的專注，以及專職的教授人員。

想在當今競爭激烈的商業環境中勝出，就必須學習從工作中吸取經驗、探尋智慧的啟發以及有助於提升效率的資訊。

年輕的彼得．詹寧斯是美國 ABC 晚間新聞當紅主播，他雖然連大學都沒有畢業，但是卻把事業作為他的教育課堂。他當了三年主播後，毅然決定辭去人人豔羨的主播職位，決定到新聞第一線去磨練，從事記者的工作。他在美國國內報導了許多不同路線的新聞，並且成為美國電視網第一個常駐中東的特派員，後來他搬到倫敦，成為歐洲地區的特派員。經過這些歷練後，他重回 ABC 主播台的位置。此時，他已由一個初出茅廬的年輕人成長為一名成熟穩健而又受歡迎的記者。

專業能力需要不斷提升以及學習的能力相配合。所以，不論是在職業生涯的哪個階段，學習的腳步都不能稍有停歇，要把工作視為學習的殿堂。你的知識對於所服務的公司而言可能是很有價值的寶庫，所以你要好好自我監督，別讓自己的技能落後。

從來就沒有懷才不遇

知道自己是什麼咖，成為最夯的獵才目標

透過在工作中不斷學習，你可以避免因無知滋生出自滿，損及你的職業生涯。

另外，很多有規模的公司都有自己的員工培訓計畫，培訓的投資一般由企業作為人力資源開發的成本。而且企業培訓的內容與工作緊密相關，所以爭取成為企業的培訓對象是十分必要的，為此你要了解企業的培訓計畫，如週期、人員數量、時間的長短，還要了解企業的培訓對象有什麼條件，是注重資歷還是潛力，是關注現在還是關注將來。如果你覺得自己完全符合條件，就應該主動向老闆提出申請，表達渴望學習、積極進取的願望。通常老闆非常歡迎這樣的員工，因為這對公司的發展有好處，同時技能的增長也是你升遷的能力保障，很多公司都是在接受培訓的員工名單中提拔管理人才。

假如在公司不能滿足自己的培訓要求，也不要閒下來，可以自己在職進修。當然首選應是與工作密切相關的科目，其他還可以考慮一些熱門的專案或自己感興趣的科目，這類培訓可以當作一種「補品」，在以後的職場中會增加你的「分量」。

隨著知識、技能的折舊越來越快，不透過學習、培訓進行更新，適應能力將越來越差，而老闆又時時將目光投向那些掌握新技能、能為公司提高競爭力的人。

新世紀的經濟發展已經表明，未來的職場競爭將不再是知識與專業技能的競爭，而是學習能力的競爭，一個人如果善於學習，他的前途會一片光明，而一個良好的企業團隊，要求每一個組織成員都是那種迫切要求進步、努力學習新知識的人。

第三種人　勇於挑戰的人

像獵豹一樣找準時機，主動承擔富有挑戰性的工作，你的能力得以充分的發揮和展示，你的能力也一定可以得到上司的認可和重視。

——安德魯．卡內基

1. 打敗工作恐懼

如果你沉迷於對失敗的畏懼，那你的計畫、決心必然不能完全付諸實踐，你對現實的觀點和看法也必然會扭曲。

毫無疑問的，我們生活在一個充滿恐懼的時代，賀瑞斯．弗萊徹曾經說過：

「恐懼就好像在空氣裡頭灌進慢性毒氣，不僅會對人們的心理造成傷害，而且令精神和士氣萎靡不振。有的時候甚至導致死亡。不但活力消失殆盡，所有的成長也化為灰燼。」

恐懼感會令人停滯不前，而且使人們的潛能無法順利的發揮。

因此，要想成為一個優勝者，你就得冒風險，讓別人知道你的思維和邏輯。你的主意確實不錯，但不能因為它好，你就不公諸於世。要讓別人覺得你是個有想法的人。你也知道這一點，但你就是因為擔心、恐懼所以遲遲不敢行動。你害怕批評，害怕拒絕，害怕失敗，害怕運氣不好，害怕給人自誇的錯覺，也許是因為你和許多陌生人在一起而覺得害羞，所以需要更多的時間來為自己打氣。

即使是外向的、善於交際的、自信的自由職業者，他們被大家公認的專家面前探討學術問題時說話也會打結。

那麼，我們又怎樣才能科學、有效的逐步打敗工作恐懼的心理，順利邁向成功的巔峰呢？

第一，做好自我心理剖析

如果你不冒風險就不能搜索累積經歷的話，那就降低風險程度，並且克服做計畫和實施時的畏懼心理，你就會逐漸意識到你的緊張來自於不知道或是不確定，或是準備得不夠充分。恐懼使你喪失了一次又一次的機會，尤其是對於那些想保住工作的人，你的經歷決定了存進你大腦記憶中的固定模式，使你在回答問題時透過腦中記憶庫的反應，得到一個迅速的本能回答。其實這些快速的本能反應都是在一定經歷基礎上產生的。

在戰略上你要做的是：

下定決心，堅持完成計畫和任務，集中注意力搞清楚什麼是最需要的，這會使你一直保持忙碌，而忘了害怕的感覺，而且，你也不會去擔心別人的說話和行動，因為你已經預先設想過別人可能出現的批評的回答，而且你已經準備好了如何去應對。

在戰術上你要做的是：

① 提前做好準備以得到更多的認可和贊同

對你所說的話，所做的報告進行全面研究，以應付那些合情合理的批評和指正，別誇大那些重要的必定要發生的事情，但也別放過任何枝微末節。如果你能步步為營，那你就能步步為贏，獲得最後成功。

② 用確定、有權威的證據論點予以反駁

多看一些、多聽一些CEO（企業執行長）演講和談話，然後找些證據去辯駁，讓他們知道，你並沒有因為「批評」而放慢了你的步伐。如果你能逐步轉變的話，那你就會避免很多批評和不必要的麻煩。

③ 做計畫的時適當聽取他人觀點

如果你的觀點被當眾否決，個性好強的你一定覺得很沒面子。所以要想避免，就誠懇的、禮貌的向那些批評家請教。

④ 在朋友之間進行角色演練

在一個安全的場合進行排練，以增強你的信心，減少你的緊張心理，這樣的話，你可以對真正要做的行為和舉動有更大的把握，當進行角色演練的時候，假定你是一個你最欣賞最欽佩的人時，你怎麼解決別人的問題呢？怎樣替別人排憂解難呢？注意說話的語氣語調以及你的手勢和動作。

⑤ 以豪情的氣勢闡述你的觀點

帶著目的性，講述你的工作是多麼優越，說話的時候始終用眼睛看著大家，保證眼神的交流。

第二，戰勝自我的心魔

你不提出任何建議，不發表任何議論，不做任何不經上司指派的事……你害怕說錯話，害怕做錯事，害怕不能適當的表述你自己的想法，你用各式各樣的方法保護自己，縮進烏龜殼裡。

第三種人　勇於挑戰的人

1. 打敗工作恐懼

耳聞目睹了這麼多關於公司合併、走下坡、破產的消息，沒有誰能特別有安全感，你不能控制公司的合併破產等情況，但你可以改變那些對你有影響的情況。比如：主動出擊，採取攻勢，因為公司的領導者正在尋找並挑選那些能儘快做出決斷的人，而且，你完全有權利為使你的工作做得更好而作出要求。你不能擔保你是否能得到，但你卻需要去過問和要求的權利。

現在，如果你能把你的要求當作是執行使命的一部分，你的畏懼心理就會減弱。因為，你是在盡力在幫助你自己，同時你所建議的東西對於你的下屬、同事、經理、部門乃至整個公司都是有益的。

在戰略上你要做的是：

重視因為冒險而取得的益處，你所丟失的東西事實上只是一個機會，否則，你所擁有的東西比現在多得多。

轉換你固定的模式。只要你現在意識到了，那為時還不晚，老闆現在也知道了，你很有潛力，很值得關注。這樣，即使你被拒絕，從某種意義上說，你還是贏了。

在戰術上你要做的是：

①　集中注意力

集中注意力比一知半解更有影響力。

抓住要點及問題的本質。須知，「射人先射馬，擒賊先擒王。」

② 向成功人士學習經驗

找一找原因，他們為什麼可以成功，學習他們的關注重點，讀他們的手記報告，問問他們關於公司發展的觀點；然後制定出你自己的明確的、切實可行的計畫，並把你的計畫傳給那些有深謀遠慮的人看，有機會時提出一些老闆可能會採納的觀點。

③ 充分發掘利用資源，希望計畫可能被採納

借助一些肢體語言使你的信念溢於言表，比如抬頭挺胸在地板上輕鬆踱步，即使你的雙腿像灌了鉛一樣，但還是要展現出你輕鬆自如的一面，看上去充滿自信在很大程度上會幫你一個大忙；同時你的衣著也很重要，注意一些小飾品——譬如領帶或者胸針，都可以使你感覺良好，無形中增添了勇氣和力量。

④ 增強自己的自信心

當你聽到同事或老闆對你的稱讚時，把它錄下來。當你感到害怕或緊張時，就反覆聽錄音，以增加自己的自信。

第三，適時毛遂自薦

如果你沉浸於對失敗的畏懼，那你的計畫、決心必然不能完全付諸實踐，你對現實的觀點和看法也必然會扭曲。

你需要豐富經歷來擴展你的洞察力，提高你制定計劃的能力，得到你應得的獎勵。

第三種人　勇於挑戰的人

1.　打敗工作恐懼

你對於遭受嘲笑的恐懼可能是由於你太過於爭強好勝。「如果這個計畫不能被實行的話，我的名譽就毀了。」「如果我真的試一下的話，我就會是第一名了。」

回顧你最近的活動：只遵循老方法，你覺得安全嗎？你是不是還堅持著那些被磨損的希望和不再激進的目標？你是否因為害怕在新事物上碰壁，而不再相信你的直覺和才能？

如果這樣的話，你應該提高警覺了，否則你將會脫隊，面臨淘汰。

不管實際情況如何，對付虛構的恐懼與對付真實的恐懼同等重要。然後你就可以把你的注意力從擔心你給別人留下的印象上轉移到考慮別人本身上，那能夠使你自願的獲取新的經驗，並且爭取到新的自由和自信。

在戰略上你要做的是：

正視困難，迎接挑戰，控制你自己的恐懼，當然，在你採取行動之前，先得弄清楚，你真正關心的是什麼，在乎的是什麼，希望的是什麼。

信心是最重要的，「真的猛士，敢於直面慘澹的人生，敢於正視淋漓的鮮血」。

在戰術上你要做的是：

①　自我剖析尋找自身的缺點

你的工作該往哪方面發展，你就往哪方面靠近，往哪方面花力氣。我們每個人都有缺點，你也有缺點，但它畢竟是你的東西，歸你所屬，你根本沒有必要嫌棄它。你完全可以接受它，並且盡自己的最大努力改正它。這樣，你不但改變了自己的缺點，而且可以改變別人原先對你的不好的看法。

② 分清重點和非重點

對自己誠實，欺騙誰都不能騙自己。其實失敗又真正意味著什麼呢？事實上你到底會丟失多少東西？你的工作或前途是不是就會因為失敗而陷入了困境？（到底哪一個更重要一些）你難道僅僅是因為害怕尷尬或者怕失去一些讚譽而恐懼失敗嗎？

③ 為自己創造機會

讓自己的嗅覺靈敏起來，時時掌握最新動向，看看什麼是當前最需要的。然後別等著老闆要你的計畫，自己把計畫遞交上去。由於任務緊迫所以有些問題也就更棘手，更有壓力，這時候不僅要給老闆提一些建議而且要不遺餘力的幫助老闆。這為你以後的發展鋪平了一條道路。

④ 加入重要社團組織，不斷的學習充實自己

你在幫助這些委員會和社團組織的同時，也在無形之中維護了你的自尊。不斷學習，在一個領域比較熟練精通，然後在你所在的公司開辦培訓課程，這樣你就可以擴大自己的知名度。

第四，帶有目的的說話

在開會的時候，在和大家在一塊兒的時候，你常常保持沉默，不言不語。即使你有解決問題的好方法也不願意開口，你躲在眾人的背後，因為你太害羞、太怯場了，不敢也不願參與。

如果這是一個有意識的選擇的話，那沉默說不定是個很不錯的方法。你可以在發言之前蒐

第三種人　勇於挑戰的人

1.　打敗工作恐懼

集到更多有益的資料，以充實你的觀點和計畫，首先你要知道你想說什麼，明白自己說話的目的，評估說出的話能不能達到預想的效果。但是如果你讓恐懼主宰你的生命，這似乎是一個不明智的選擇。

如果你能幫助解決問題的話，你對於公司的價值無疑會上漲。你知道，開會是得花時間，花金錢的。所以除了可以幫助公司解決問題之外你還可以幫助公司節約時間和金錢，實際上你為公司做了巨大的貢獻，何樂而不為？

在戰略上你要做的是：

不打沒有準備的仗。在做決定的時候，尋找那些別人也可能使用的資料，然後在會議上，和其他部門機構一起，討論分析資料。

在戰術上你要做的是：

① 提前了解議程，準備資料

為了讓你的觀點在會議上獲得支持，你需要提前準備，假設出可能出現的敵對論點，並引證來反駁此論點。設法在一分鐘內闡明你的觀點，使用投影片、白板、海報等設備展示你所討論的內容。當然，要找對說話的時機，在討論的最後展現你的觀點是最好的。你可以對前面的人所說的話進行總結，提取其精華，來為自己的觀點潤色，如果你沒有什麼新的觀點值得增添，你的觀點就必須與眾不同，給人耳目一新的感覺並留下深刻的印象。

②　提前記錄容易遺漏的要點

擔心你的觀點聽起來太具侵略性，太有進攻性？那就在論辯的時候稍微謙遜一點兒，把那些你擔心會漏掉的要點記錄下來。必要的時候還可以跟同事朋友商量商量，這樣可以確保你的講話萬無一失。

③　從大局出發，誠懇的看待「反方」觀點

你回答的時候要微笑，要點頭，以示你明白對方的意思，人們在反對一個觀點的時候，通常會提高音量，那並不是對你的人身攻擊，所以反駁的觀點還得從大處著眼，不要把辯論變成辱罵，否則不僅你的觀點難以取得人心，而且你還喪失了你應有的尊嚴和風度。

④　準備一些具有針對性的問題

問題可以使討論重新回到論題上，並且擷取必要的資訊，做出必要的計畫和決定。問題還可以使你加入討論中，尤其是在你對這個論題不太熟悉的情況下。

第五，透過閒談消除煩惱和困惑

閒談就是空閒時候一些簡單友善的短小談話，不管你不情願開口的原因到底是什麼，你都得學著加入閒談中。不管做什麼，都先進行一個熱身運動，從多方面獲取資訊，這可以使你與同事之間的關係更加融洽，這也方便你以後的交際，使得以後處理任何人際問題都可以如魚得水，如果你現在還不能自在交談，別擔心，這很容易就能學會。

第三種人　勇於挑戰的人

1.　打敗工作恐懼

在戰略上你要做的是：

虛擬幾種不同的情況下你都可以聊的話題，進行練習。與人交流無時無刻不存在，這都是你與他人進行聯繫的機會。

在戰術上你要做的是：

①　勇敢的邁出第一步

別總等著別人先來找你，自己走過去，主動跟他們交談，如果他忘了你是誰，那就再做一遍自我介紹，然後選定一個話題開始聊。

②　尋找可以交流的各種話題

只要你問的問題不是很私人化，不存在任何窺人隱私的意圖，那友善的好奇心是可以的。

③　談論小問題或者是沒有爭議的觀點

等公車、等電梯時，都可以進行閒談，可以談談電影、電視，可以說說足球、籃球，使氣氛愉悅。

第六，與有工作關係的陌生人多接觸

由於不自在，接近一個有工作關係的陌生人時常會有尷尬與勉強的感覺，你想不到一個好的話題進行交談。你甚至覺得，與其這樣不自在的與陌生人說話，不如和那些熟識的人聊天。其實，你所需要的就只是事先思考，而且，不要將談話和晉升提拔聯繫起來，就行了。

在戰略上你要做的是：

提前思考一下，你想在這件事上獲得什麼成效。準備一下，全神貫注的投入。然後指出一些路徑，如果沒有人介紹你，你就介紹你自己。

在戰術上你要做的是：

① 做好準備

讀關於公司的讀物，看看哪些人在什麼職位，擁有什麼權力。看他們的狀態，緊接著看他們成功的祕訣，聽收音機、看書、雜誌、文章等等，收集一些語句，以便談話時能用上。

② 讓人感覺你是一個熱情四射的人

保持微笑，並保持眼神的交流，有些人其實和你一樣，跟陌生人說話都覺得不自在，所以你們雙方都需要的是一個真誠、友善的談話，其實，你在將自己的觀點展現給別人之前，先得展現你自己。同時，走路要輕快，盡顯你的活力，和別人握手要短暫有力，而不要軟弱無力。這樣更能表現出你的自信和優雅。

③ 進行現場接觸

找對你在聚會上要認識的人，走過去跟他打招呼，那人肯定會把你介紹給在座的所有人，然後和你感興趣的那些人聊天，找出你們的共同話題，盡量盡興。

④ 互通姓名和個人資料

隨身帶著你的名片和一支鋼筆。交換名片，在名片背後寫上你所需要的資料，如果別人沒有名片，那就在你的名片上快速記錄下他人資訊，在會議上或大公司裡，主動提出交換名片。雙手遞上你的名片，以表示尊重。

⑤ 短暫接觸後隨時準備之後重新接觸

互相介紹以後，大家都互相認識了，這只是一個短暫接觸，要進入更深入的談話，要盡量向自己的工作、職業方面拓展，你倆之間的話題越多，接觸成功的機率就越高。

第七，自誇——為自己吹響號角

自誇是很有必要的，如果你一直緘默不言，太老實太木訥，別人就會忽略你，如果你過於低調，別人反而認為你是自恃清高。在今天這個高度發達，充滿競爭的社會中，你不能停滯不前，不能錯過任何機會，你必須學會怎樣自誇，否則，你一定會被淘汰，一定會落後。

正是因為你在日常生活中並非眾人矚目，所以你更沒有理由隱藏你的能力。透過自己的努力和爭取，你想得到什麼都行：辨公室的計畫制定者，專業機構的領導者等等。

有技巧的自誇可以提高你處理人際關係的技巧，當你逐漸熟練之後，你就可以捕獲聽眾的耳朵，使他們注意聽你聰明的觀點，絕妙的注意和有價值的建議，當然在「誇」的時候，你也不能丟失謹慎，不能丟失禮貌，不能丟失分寸。

透過自誇，你可以提高自己，獲取別人的讚美和賞識，你沒必要去理會你的那些缺點和過

從來就沒有懷才不遇

知道自己是什麼咖，成為最夯的獵才目標

失。「金無足赤，人無完人」，誰能完全沒有錯誤呢。你所展現的就是一個真正的自己，而且要確保你的優點是為眾人所公認的，日後可引起大家注意的，你對於別人對於公司都是有益有利的，都是重要的。

在戰略上你要做的是：

訂定自我提升的計畫並付諸實現，這樣在別人看來，你就更有優勢。按照計畫執行任務，自己要努力開拓思維，要向計畫、向創造方面發展，向共同利益方面靠近。

在戰術上你要做的是：

① 區別對待「自誇」和「夸夸其談」

「自誇」，可以引起別人對你的注意，使別人對你更加尊敬，而「夸夸其談」就是吹捧自己，無視他人的價值；「自誇」能從大局利益出發，幫了別人的同時也幫了自己，是真誠的，而「夸夸其談」則是虛偽，是嘩眾取寵；「自誇」在介紹給別人你成功經驗的同時，也表達了你對工作的滿意和自豪，而「夸夸其談」則是漠視別人的存在，只流露出傲慢和自負；「自誇」是短暫的，盡顯自己實力的，不會引起別人的反感，也不會冒犯別人，而「夸夸其談」就是得意忘形，自鳴自得。

② 控制好自己的情緒

看到別人在領導面前夸夸其談，你可能很不舒服，或乾脆不說話了，緘口不言，不願讓別人知道你的才能。其實，真正明智的自誇是透過一個機智的、有效的途徑告訴別人你的能力和

成就，所以千萬不能因為賭氣而喪失機會。

③　掌握自誇的技巧

把自己的自誇和別人的想法連結起來，使你說的話讓別人想聽，也愛聽，試著練習把你當前做的事情和人們當前關心的事情聯繫起來。

聰明一點，從小道消息裡打聽自己所要知道的事——老闆和同事當前關心的是什麼。然後把你的行動和你所打聽到的消息連結起來。這樣，當你發言的時候，別人就會被你的演講吸引。只要你覺得你對人們是有貢獻的，你這樣做是為了使他們更好的工作，那麼在你發言的時候，你就不會因為覺得吹捧自己的好而感到難為情或者尷尬了。

④　與大家分享榮譽以獲取大家的信任

把你和你的搭檔所做的貢獻都展現出來，同時使之與大家的利益、觀點聯結起來，以激起大家的興趣，贏得大家的信任，同時也感謝那些對你們的工作提出意見、建議和大力支持的人。

第八，在危機面前忘記畏懼

危機就像流言一樣，會產生恐慌，或者導致公司生產力下降，為了能更好的解決危機，你必須制定計畫，但是在壓力的脅迫下你很難做出超乎想像的、切實可行的決定，你有可能會把人們的注意力拉到一些消極的方面去，或者為了避免更為緊張的壓力而否認一些詳實的資料和必要的事實。

從來就沒有懷才不遇

知道自己是什麼咖，成為最夯的獵才目標

如果有緊急情況出現，你猶豫不決，拿不定主意。那麼，你即使不是敗得很慘，也會錯失良機。你優柔寡斷，總在心底疑惑什麼時候才能避免衝突，但你從不質疑任一個方案或計畫的實施，長此以往你會犯下很大的錯誤：你隱藏了那些如果任其發展就會適時爆發的錯誤。

也有些人在危機面前會特別武斷，喜歡獨斷專行，其實面臨危機的時候並不是你獨斷的時候，你可以採取主動攻勢，但還得採納大家的意見，聯合一些你信任的人，提供資料，制定計劃。

在戰略上你要做的是：

抓住機遇，展現你潛在的領導才能，爭取主動攻勢，對於公司充滿責任心，並對緊急情況做出一個明智的分析，採取一些必要手段加以解決。

在戰術上你要做的是：

① 組成聯盟，評估損失

與一些具有影響力的同事組成一個聯盟，做一個非正式的部署和評估。留心消息來源，驗證事實並估計損失。

② 提出可行性建議

你一旦意識到自己或部門或公司處於危機當中，向你的主管提一些將來可能被用到的計畫的步驟。這樣，每個人都會綳緊大腦中的弦，隨時準備備戰。

③　告訴周圍人員事情的真相

告訴每一個員工真實情況以消除疑慮。你知道的越多，就告知他們越多。即使你聽到的消息不是好消息，你也可以透過講真話來增添勇氣和自信。

誰也不可能一次就把恐懼感消滅得乾乾淨淨。每次當恐懼感悄悄浮現的時候，你就得透過自我對話、想像、期望以及過去經驗的記憶來好好對抗這個「壞傢伙」。在心裡先設想最糟糕的情況可能會是個什麼模樣。然後想想看如果你成功的話，又會是個什麼樣的情況。態度要務實，如果可能的話，大步的向前邁進。恐懼感不能只靠著正面的思考來克服，當我們面對艱難的挑戰時，只要抱定務實的態度，也就有成功克服的機會。行動能夠平撫焦慮、緊張的情緒，還可以提升人們的自信和自控能力。

「我相信大家都可以成功的克服內心的恐懼，」埃莉諾．羅斯福曾經這麼說道，「就算是自己恐懼的事情也應勇往直前，而且不斷積極努力，直到獲得成功的體驗為止。」

2.　快速轉變逆來順受的形象

明確的說出你反對的意見和坦率的說出你的想法，接受粗魯的行為而不去評論它，它就會變得一點也不強硬，只會越來越缺乏權威。

人在任何時候都不能丟棄自己的尊嚴，如果你自己都丟棄了尊嚴，就不會有人在意你、尊重你了。所以你要改變你那可憐蟲似逆來順受的形象，大膽的對人們說你期望得到大家怎樣的對待。

當人們干擾你並使你惱怒了，直接告訴他們；如果在你發言的時候，有人在私下講話，那麼你就乾脆停下來等到平靜無聲後再繼續你的發言；如果與你約會的人遲到了，那麼請選擇離開；如果你出色的工作表現沒有得到賞識或肯定，那麼你就指出你自己的成就，你的過人之處；如果有一場辯論對你很重要，那麼你就試著去得到別人的支持；如果你的工作負擔是不公正的，不合理的，那麼你就該指出這種工作體系是需要調整的。

人都是平等的，如果你不這樣做，你就等於給予了你的老闆或與你地位相同的人把你置於一個低等的、低劣的地位的權利。

改變你做事的方式，別人就會轉變對你最初的反應方式。

第一，要求尊重和禮遇

你對人們禮貌，人們也以禮待你，假如你受到欺負後再給人一種弱小者的感覺，你將不會再得到他們的敬重。他們會始終把你當成他們的受害人來理解。

你不能控制別人怎麼說你，但你可以選擇怎樣去回應他們的問題。

當你的老闆在房間裡大聲吼叫斥責你，而不去處理他的私事；甚至當著同事的面指責你或者惡語相向，或在你背後抽出一把刀；甚至在你器重的職員面前發脾氣，讓他們誤會你。當你受到不禮貌的對待，盡量忍著不要去反擊。保持優雅的態度去解釋，表達你的心情或是你的立場。你能代表你自己而不受老闆的威嚴的脅迫，這樣恰恰反映了老闆想重踩別人的自私自利的自我主義。

完美的解決問題、具有說服力、具有效力的方法就是：明確的說出你反對的意見和坦率的說出你的想法，接受粗魯的行為而不去評論它，它就會變得一點也不強硬，只會越來越缺乏權威。

在戰略上你要做的是：

讓人們認識到他們對待你的態度是惡劣的、不好的。擺脫那些粗魯敵人，用你的禮貌，你的風度牢牢的提防他們。

在戰術上你要做的是：

① 適當「寬容」那些無禮者

粗魯和淺薄的人大都缺乏自尊。他們只會用粗野的行為引起別人的注意，為自己的擔心缺少安全感而打架，他們不會用客氣的方法去處理問題，缺乏知識。

② 微妙的嘲弄無禮者

這樣就等於告訴粗野的人你對於你的工作是充滿自信的，而且要拒絕讓偶然的或有意的評論威脅到你，始終保持一個良好的心態，平靜的心態，那麼流言總會不攻自破。

③ 敢於反對批評者

遇事要冷靜，並悄悄的保持一顆進取的心。詢問自己表示反對意見的理由，而且請求別人做出解釋。如果你的老闆批評了你的計畫，那你就明確的、具體的問他什麼是他所需要的、理想的計畫或者懇請他的指導。

④　堅定的要求要被禮貌的對待

如果有人堅持不懈的用他的感覺來漠然無視你的尊嚴，踐踏你的尊嚴，你就還擊他，然後離開。

第二，不要浪費時間在無聊上

當懦弱浪費你的時間，當優柔寡斷的老闆阻止你緊緊抓住重要的事情，不能做出決定，它們會使你貶值，沒有主管的決定或同意你不能繼續進行你的任務。需要被忽視了，沒有人告訴你為什麼你一直需要等待，或什麼時候才能得到答案。

你該去重新控制局勢了，去停止讓你的同事懈怠，停止他們盜竊了你應得到的尊敬。

在戰略上你要做的是：

讓你的戰略幫助猶豫不決的人集中注意力到事情的結果上，必須做出選擇，幫助他們看到結果的重要性。

在戰術上你要做的是：

①　篩選你提供的消息，給出解決事情的方法

簡化你的措辭並限制他考慮的自由選擇權。提供一些做出決定的指引方針，或者準備一個

最重要部分的摘要，講清楚一些要決定和考慮的事。

②　控制過程

首先提出最緊急的問題以阻止老闆在一些重要事情上心煩意亂。不要對任何人批評老闆優柔寡斷。那將最終傳回到老闆的耳朵，老闆會反過來提醒你，以至於你的地位不保。

③　讓下屬重新陳述工作任務

一旦你確信這個工作任務是清楚的，如果工作會拖延，就讓下屬告訴你預期的結果是什麼，然後強調一下你的決定。

他們不能理解日常的決定可以輕而易舉的被修改，而且還要迅速的再做出決定，他們猶豫來自於害怕不能達到自己的高標準或害怕犯錯，或不知道這是不是一個與你合得來的方法，你必須阻止他們降低你的地位而且減少你在公司的價值。

第三，拒絕承擔他人的工作

你的同事需要你的說明，實際上你為他們做了他們感到困難的任務，或者你的同事用了你的好主意而不承認你的貢獻，或者對你不講信用，也許你會對這些忘恩負義者感到憤恨。但更糟的是，你要怎樣才能跨越這種心情？當你需要尊敬時你怎樣贏得尊敬呢？

不要為不正確的動機幫助別人，你可以表示關心而且仍然要求他們做他們自己的工作並且信任他們的努力。透過意識到他們增加的需要表現出對他們的關心。建議他們，並讓他們自己完成，那是他們所需的方式，既增強了你的自尊又增強了別人對你的敬重。

在戰略上你要做的是：

把你領航者的角色移開，讓他們自己航行，如果他們不去奮鬥，不去努力，就不會有任何進展，也不會對你表示尊重。

在戰術上你要做的是：

① 必要時提供有用價值

把自己確認為一個貢獻者，少量提供對你同事有利用價值的意見，表示自己是一個合作者。

② 把請求轉向另一個方向

限制你提供建議的部分，機智的拒絕別人請你幫他們的請求，讓同事們承擔自己的責任和義務。

那些把工作交給你做的同事們不僅逃避責任，而且他們把你看成一個容易被勸服的人，一個容易被利用的人。你不會擁有他們的敬重，而且你也不會被自己尊重。

第四，控制耽擱並阻撓你前進的阻礙者

阻礙者經常沒有意識到他們在干預別人，他們對你的工作價值不表示任何尊重，他們顯示出缺乏對你寶貴時間的關心和重視。

你必須採取一些必要的行動來獲得你應受的禮遇，甚至勇敢拒絕那些在你排定的私人時間裡不斷干擾你的老闆，或是在你還沒停止表達你的想法前不斷打擾你的人。不要讓自己再遭虐待，計畫出一些可以讓人尊重你的方法。

在戰略上你要做的是：

優雅的、機智的停止阻礙者的說話，並安排一些改變，讓你被干涉的程度降低。

在戰術你要做的是：

① 劃分出可以打斷和不可被打斷的時間

如果你一天中需要數小時集中思考並安排計畫，就和你的合作對象溝通，在固定的時間裡接一下對方的電話，或者關上你的門在門口貼上（在十點三十分後可以聯繫），或把你的工作轉移到會議室或圖書室裡，告訴下屬們他們可以順便拜訪你的時間，向老闆請示出一個你可以談論而不被打斷的時間。

② 打斷阻礙你發言的人

當你在發言或者提供建議的時候，一些粗魯的同事在你結束前打斷了你，設法打斷阻礙你的人，說完你要發表的話，去除開場白來避免被打斷。在你開始發言前，先總結出你的觀點，然後再開始解釋，並努力讓你的評論簡短扼要。維持目光的集中而且要注意不要讀稿或預先抄一篇稿子，這樣會使你的發言很乏味、很容易被人打斷。

③ 在辦公室外面見面

如果你在你同事的辦公室，你可以起來並離開。在你辦公室想擺脫那些在工作完成後還在繼續討論的同事，這著實是一件很困難的事。

當你在猶豫不決思考事情時，他們打攪了你的思路或打斷了你的時間，許多阻礙別人的人並沒有意識到他們是失禮的，你需要原諒他們的無知。要想避免許多打攪，就控制主動權，更改程序或要求具體的改變。

第五，阻礙欺騙者利用你的優勢

所有欺騙者他們所做所為都是為了自己的目的而完成。他們不關心你是否被傷害了，是否感到不便，或你的重要性已被忽視。日常工作中，你的老闆或同事都有可能成為欺騙者。

你的老闆認為你是個從不抱怨的好員工，而且考慮給你加重工作量。你的同事「借」走了你的員工而沒有減少工作。有時老闆和同事聯合起來，做些事情來影響你工作，但是在討論中從不讓你參加。過去你允許這個狀況發生並保持沉默，現在你必須去除它，因為你察覺到你的價值已經和你得到的尊重不成比例了。

在戰略上你要做的是：

說出自己的想法，不管體系是否需要被改正，你必須改變你的現狀，你需要找到自尊而且得到別人的尊重。

在戰術上你要做的是：

①　建議改正的方法

如果你工作過量了，就要求優先分配，如果規定混淆，就建議整理並控制，如果責任劃分或有些細節問題不明確，那就要求改變錯誤的規定。

②　在不排擠別人自尊心的基礎上堅持自己的原則

沒有必要去對抗或私底下攻擊別人。簡單的說「不」的方法就是建議進行二選一的選擇。另一個人對這件事情似乎比你更感興趣。

③　控制自己，不要隨便道歉

當有人利用你的優勢的時候，停止說抱歉，你必須阻止他們，當你被欺騙的時候，除非你大膽說出你的想法，否則你將繼續被欺騙而且你被察覺的價值也在降低。

第六，三思而後行的對付不速之客

對於固執己見的同事，他們會說服你相信他們知道怎樣去做所有的事情，包括怎樣做你分內的工作。因此，你必須找到方法阻止這些諮詢者左右你。

在戰略上你要做的是：

準備好並面對他，盡可能設法禮貌、冷靜的對待。在你拒絕他們幫助前，讓這些固執己見的人說出他們的想法，如果你聽到一些有價值的東西就可以採納，變為自己的東西。

在戰術上你要做的是：

①　展示出你的能力

把你的實際情況展現出來，那樣會帶給你信心，達到展示自我的目的。

②　說服你自己

做好你分內的工作，用問題武裝你的口舌，那樣就可以讓你預想的辯論出現，提出問題可以讓別人看清形勢，而不是直接挑戰這些諮詢者。

第七，避免下屬濫用你的寬容

有些下屬把公司的生意作為自己的利潤和基礎，他們忽視你的命令，告訴你最後證明他有他的想法。

還有一些下屬有他們自己的程序，而且這對公司的需要沒什麼用，懶惰和操縱阻礙了他們，經常忘記事情，陷入困境或表示無助直到有人為他們工作，另一些人嘮叨個沒完，或利用工作的時間處理個人的事務。

最好的管理就是訓練他們，幫助他們完成，但要告訴他們，他們對自己的工作要負責任，你必須阻止他們利用你寬大的特性。緊緊抓住規則，下屬們才會服從命令。

在戰略上你要做的是：

透過贏得尊敬而恢復控制，始終如一的堅持執行你的規定。解釋需要並解釋這些規定如何幫助工作。讓下屬知道違反規定會得到什麼樣的結果。

在戰術上你要做的是：

①　解釋你的指示和期望

作為對寫好的規定的補充，有一些沒寫出來的和不言而喻的規定要滲透到員工的理念中。在它成為你和你團隊的問題前覆核一下困難的地方，新員工特別需要這樣的討論。

②　同意問題的存在

下屬們必須知道為什麼有些事要被改正，而且要了解不改正的話可能產生的後果。

③　對於那些必須修改的問題採取一致的具體行動

讓你的下屬明白為了改變結果什麼是必須做的，為什麼要做？讓他們接受責任並告訴你解決問題的辦法。在你同意一個計畫後，要經常的關注跟催他們，積極的回饋互動，表揚好的工作表現。

要想帶來名譽，就透過執行你的規定來獲得尊敬。

3.　適時顯示工作潛力

每家公司都有它自己的文化和格調，都有它進行商務交流的方式，時時清楚它的形式和目標，為公司設定一個切實可行的計畫並使自己與公司的需要一致。

不要只針對你個人或是部門，把精力集中在對整個公司有益的計畫上。公司本身就是一個資訊庫，只要擦亮你的眼睛，發揮你敏銳的嗅覺，很快就會發現施展你潛力的途徑。

時時提醒自己：公司能從你的才能上獲得多少利益，如何獲得利益？你又能為其他人提供什麼？怎麼提供？

在明確了解自己的能力和公司需要之後，透過各種方法盡量使兩者結合，考慮一些計畫上的轉變，準備克服一些可能會出現的困難，這就像一個字謎遊戲，在陳述你的計畫之前，你需要進行周密詳實的調查，否則，你可能計畫進行到一半，就不得不改變行事方法，或是堅持不下去，浪費了時間和金錢。但是，只要你的計畫能招徠更多顧客，能增進更大利潤，能提高產品的銷售，能使公司得到利益，你就一定會受到關注，一定會走向成功。

第一，展示你的建議和計畫

你在公司工作，希望老闆可以把一份高薪的工作交給你，你就能一步登天，這基本上是不可能的，你必須發展和完善自己的創意和計畫，然後找準時機，把它交給老闆。

如果老闆已經知道你擁有管理方面的能力，現在需要的是把你的想像力和創造力也展示給他，並顯示出你對公司計畫取得成功很有幫助和貢獻。切記，不論何時何地，所有的許可和贊同都源自你能渡過難關並逐步發展、昇華的能力。

如果你的建議沒被採納，別把它當成是老闆對你的不信任，更不要氣餒，不要偏激的認為這是對你的不置可否，對你的人身攻擊。況且，你並不知道一共要通過多少道關卡老闆才採納你的建議，也許你只是時機未到，繼續努力，一有任何周密詳實的計畫就繼續遞交給老闆，只要你能堅持到底，並把建議轉化為行動，你就一定會贏得你應有的榮譽和地位。

在戰略上你要做的是：

冒著被拒絕的危險，持之以恆的遞交詳實完善的計畫。

在戰術上你要做的是：

① 制定計劃

你認為組建一個新的聯盟很有必要，那就儘快聯繫相應的集團。如果老闆說經費必須要降低，那就告訴他，組建聯盟以後的益處，讓他權衡利弊，如果經費已經被降低，那就建議根據你所做的市場調查展開行動，留一個二十四小時客服專線，隨時接聽顧客的批評和指正。

② 在建議改變計畫之前，先搞清原有計劃意圖

如果你想挑戰一個權威政策，得先搞清楚，誰制定了這個政策，他制定政策的意圖是什麼。想馴服一匹倔強的馬，想改變一個看著神聖而莊嚴的旨意，需要花費許多的心思和時間。

③ 開闢一個「市場」

為你的計畫擬一個具有吸引力的標題，或是打出一條鼓舞人心的口號，思考看看，誰能為你的計畫潤色，誰能往你的計畫骨架上加些血肉，使之豐滿，還有誰可以給你提供幫助，取得支持，請一些有潛力的使用者，取得他們的行動，吸取他們的意見，以改進你的計畫。

④ 計畫一定要詳實

在人力、物力、財力上將會花費多少，預測一下在數量和品質上能提高多少百分比，減少

失敗的機會。

你的建議是否被接受、被採納無關緊要，你的目的在於透過提議，顯示你不僅具有創造力和革新的潛力，而且你是一個很好的策劃者，你是有智慧的思想者，以引起領導人對你的注意。

第二，把你的經驗閱歷跟實際結果連結起來

如何在你的報告中陳述成果，需提前考慮周密，但是千萬不可吹捧，誇下海口。避免達不到所提出的目標、成果所需的高要求在你的控制之外。這裡教你聰明的一招，轉移說話的重點，比如說：如果你對銷售額無法估算的很準確，那就別估算了，乾脆直接說出你可以保持聯繫的廠商數量。這樣，要是別人願意，別人可以去估算。這時候，銷售額是高是低就不關你的事了。

擬一個明確的、斬釘截鐵的計畫無疑透露了這樣一個訊息：「我可以完成這項任務，而且可以完成得很好！」但這並沒有和你同事的利益聯繫在一起，所以你還得繼續努力，因為這個計畫是你和同事共同打造的，要時時想到同事的存在，這樣才更能得到他人的贊許和認可。

在戰略上你要做的是：

先在你的部門或領域嘗試這個計畫，成功的話馬上公布試驗結果，告訴你的老闆和同事自己的計畫是行得通的。

在戰術上你要做的是：

① 策劃和蒐集並試驗你的計畫

在你和同事的偶然相處談話中，擷取他們的想法。隨機訪查你的顧客，知道他們對公司產品的觀點，以及他們的觀點對公司的影響。你甚至可以自行研究你們公司的產品和服務。讀公司的日誌記錄以及貢獻，並形成一個詳實的計畫：一個好方法或者就是節約時間、節約金錢的方法。

②　把你想到的觀點付諸實踐

一盎司的成功，來自於一噸詳實的分析討論，公司有其展現自我的過程和測試，你口說無憑，主管人員不會只聽你的口頭表述，他要的是證據，是你的行動，不管在什麼情況下，只要不違反公司規定，你想證明你的想法觀點，想證明你自己的實力，毋須得到任何人的批准，只管去證明就是了。

③　提供可信的證據

在闡述你的長遠計畫之前，先有條不紊的展開你的抽樣調查計畫。要能夠顯示這個計畫給公司帶來的益處，切實可行的費用削減，解決可能會出現的問題和障礙，並隨時做好調整工作的準備。

你的計畫不一定每次都會被批准，被採納，但久而久之，你會被認為是一個關心公司生死存亡的人，對於工作所表現出的熱情和渴望會助你成功，但是在提計畫建議時，必須要有證據，證據是最能說服人的，如果這個計畫有你同事的功勞，千萬不要把榮譽都往你自己身上攬。

第三，創造性的工作

如果你已經準備好了「責無旁貸」，準備好了「爭取」，準備好了「努力」但是沒有合適的工作，那就「發明」一個，這就是所謂的創造性工作。

政策的決定者總在找尋能夠解決問題，提高公司利益的人，如果你所「發明」、所建議的工作可以達到這個目標，他們一定會感興趣。

如果公司重組、合併或者破產，必定會有很多職位的員工被淘汰，所以在那些受排擠的行業想繼續發展是很困難的，然而那些被留下來的行業中卻有很多的發展機會。一個新的體制必定帶來許多新的需要。因為人員的精簡，許多重要的職位產生空缺，這時候，你的機會就來了。抓住「需要」，確定好目標以後，就是衡量自己得經過哪些改進，以適應新的環境，把注意力集中在某一個問題上，別太貪心，東拉西扯的，這樣你哪樣都做不好。

在戰略上你要做的是：

擦亮眼睛，尋找「定時炸彈」並迅速解除。尋找那些亟待解決迫在眉睫的問題，創造工作的最好的方法之一就是解決一個棘手的問題。把自己當作是問題的答案呈現出來。

在戰術上你要做的是：

① 發現問題

銷售額的降低，是否是因為自上次裁員以後，無人管理業務聯繫？

職缺比率不斷上升，是否是因為士氣的降低和人人才流動的匱乏？

公文資料堆積得越來越多，是否是因為管理人員們整天忙於毫無意義的形式而無暇顧及實質工作？

如果你將力量投注進去的話，這樣的情況可以改觀多少？這樣的問題常常不是你所處的位置所需要考慮的，但是你考慮到了，炸彈就很輕易的被你發現了。

② 精心打造你的陳述和表達

即使這些問題源自管理者的疏忽，你的言語中也不能透露出對他的不滿，而是要把重點放在你和他的合作上。清楚陳述以你的能力和經驗可以如何解決當前出現的問題。如果他對你的意見感興趣的話，建議讓他給你一個簡短的試用期，以看其成果，談妥後，努力去做，這便是你拆除炸彈的機會，一旦成功，你得到的機遇就是以前所不敢想像的了。

創造的步驟很簡單，像A、B、C一樣簡單，A（公司的需要）+B（你的計畫）=C（新的工作）時時調查研究清楚，不停的「進諫」提出你的觀點、計畫，不達目的誓不罷休，然後你的方案實施的可能性就大了。至少，公司的行政部門和人事部門都可以記住你的名字。

第四，主動接下任務計畫

物資短缺，資金流通不暢，公司效益不好，產品市場不廣，諸如這些問題總是源源不斷，接踵而來。你必須一直密切注意那些有深遠影響的計畫，對於一些有壓力的計畫，主動自願的去執行。

在戰略上你要做的是：

擦亮眼睛，審時度勢，自覺主動的協調實際行動和解決問題的方案，當機會降臨的時候，搞清楚你的需要、老闆的需要和公司的需要，明白自己做過什麼，正在做什麼，將做什麼，並自覺主動的出擊。付出必有回報，長此以往，你一定會成功。

在戰術上你要做的是：

①自願推出自己的部門

如果你所採取的行動老闆認為重要的話，你將會有很多的機會，結識不少的人，如果你想使你經營的部門走向國際化，或是讓它對總部做出貢獻。就一定要主動推出自己的部門。那會使你增加獲勝的可能性。

②迅速投入行動中

確認清楚你們部門的事業目標，申請一些必備而你們又沒有的物資資料，迅速投入到工作任務中。每一個部門成員都必須極具責任心，每一次工作之前，都必須了解詳實的資料，並時時迎接新的挑戰。

③每次會議之前都準備精確的概述

要求全部門人員加入進行討論並做修改。不管你們的實際工作情況如何，都得給其他人一種感覺：你們為了該項任務盡心盡力、任勞任怨，把最後完成的高品質的報告遞交給老闆或是一些指定的權威機構，並簽上你們部門所有成員的名字。

④　由衷感謝你的下屬

對部門成員的日常準則要有一個明文規定，以更好的實行管理，但任務一旦完成以後，你要感謝部門裡的每一個人，要感謝他們在完成計畫的旅途中做出的不可磨滅的貢獻。

如果有一項計畫，有一個行動對於你的上司而言很重要，而你又願主動出擊，主動接下這個任務計畫，把自己的能力展現給老闆，展現給公司，那麼你可以有機會「抓住」管理者的眼睛，為自己的未來鋪路。

第五，走出工作的絕境

有時候，你認為你的工作意義重大，別人卻認為它不值得一提，你想竭盡全力，自由發揮，別人卻橫加干涉，無視你的存在。

這種情況下，為了再次投入到你的工作當中去，你可以抓住一點，抓住一個重要環節去攻克它——別問為什麼，儘管照做就是了。這在某種程度上，會給你，給老闆，給公司都帶來益處。過不了多長時間，你就會被認為是車輪裡有用的軸珠，是公司裡有用的人才，記住：獎勵和認可只青睞那些能自覺採取行動，獲得主動權的人。

在戰略上你要做的是：

首先得改變你的外在形象，由消極轉變為積極。不管你需要什麼——譬如更多的挑戰，更多的培訓，更多的人力等——都盡力去爭取，最大程度的使用你可利用的一切資源，時時關注辦公室及公司發生的事件，以做好決定：你應該往哪方面努力？往哪方面轉變？

在戰術上你要做的是：

① 做好你當前的工作

抓住有利時機，精心選擇那些你認為很重要，而且你也喜歡的工作，把這些任務與你工作的強項連接起來，努力去工作。

現在該談談薪水了，如果這份工作理應交由那些薪水比你高的人，那麼你提出加薪也就無可厚非了，老闆肯定會同意。

② 重新安排你目前的工作

你再也不必兢兢業業，再也不使用你的強項技能，再也不熱愛你的工作了，你還有什麼資本在公司裡混？還有什麼資本跟別人比拼呢？在這種情況下，你就可以在完成自己工作時主動申請完成其他的任務，以吸引老闆的目光，為前途鋪路。

③ 使你的工作變得更具挑戰力

要求進行培訓，參加一些座談會和學術研討會。這可以提高你的自身素養，奠定更好的為公司貢獻的基礎。同時也考慮考慮，把你的技能知識教給他人。在會議上，主動提出自己的觀點和主張，主動流露自己的領導才能，在工作之餘，不忘給自己充電。

時時關注公司的一切，你也可以找著一些顯示自己能力的任務，態度是最重要的，使你的實際行動與態度相一致，你就可以獲勝，就可以成功。

第六，使你的工作變得更重要

重新為自己定位，為自己的工作定位。找適合自己發展的空間，把自己的職業和自己的需要緊密聯繫起來，從現有的工作中獲取能得到的一切知識和技能。就把當前的這個工作當成是你擴充知識和交際的墊腳石。

其次，搞清楚自己的工作與整個公司營利計畫之間的關係，和產品或者服務的使用者交談，並了解他們的需要，透過怎樣的轉變，可以使你們的產品和服務對於他們來說更划算、更有價值。這樣，你就會對你的任務、你的工作有更深的了解，從而使你的工作、服務、產品更接近標準，使你在公司的的位得以提高。

在戰略上你要做的是：

使你的產品或服務更具人性，不管你從事什麼工作，你都得使你的服務適合顧客的心理，迎合顧客的需要，了解顧客的同時你也要相信自己，因為你已建立了一定的知識基礎，你有實力去把它做好的。

在戰術上你要做的是：

① 自願接受額外任務

忘了你工作的界定，如果你的工作是從事行政，從事管理職，力圖尋求多種途徑來支持你的老闆。要是你想更清楚明確工作任務和目標，圍繞你的工作問題是幫助你的最有用的方式。

② 適時報告

對於那些你正在執行的計畫給出一個一分鐘的口頭報告，力求快速、精確、富有生命活力。即使老闆沒向你要計畫書，你也可以遞交，以顯示你的潛能和實力，把你所做的有價值的估算列印出來，給老闆以及那些富有影響力的人。

③ 以不同的原則和方式對待不同的人

對待不同的人，得有不同的處事態度。你現在的目的是想提高你的服務，向老闆提供有價值的建議並立即採取行動。你可以根據對你影響力的大小，決定對不同人的態度和方式。新的任務通常可以較小的投資風險獲取較大利潤，而新的任務通常也可以帶來新的機遇，但是「機遇只給有準備的人」。一切都得靠你自己去尋找和探索。

第七，大膽邁向升遷之途

想要獲得升遷的機會，最重要的就是掌握情況，哪裡能了解最新消息，你就往哪裡去，別再獨來獨往，也別再搞小圈子，別再一個人吃飯了，一周至少兩次，跟大夥兒一起吃飯（可以是公司內的，也可以是公司外的）這有助於你掌握最新動態，如果你能找到一條適合你自己的道路，那就趕緊行動，你經不起害羞，經不起猶豫，經不起耽擱，你必須馬上出擊。

在戰略上你要做的是：

宣告你也是候選人，私下爭取別人的支持。

在戰術上你要做的是：

①　提前完成未來職位工作

如果你找到適合自己的職位，就立刻努力，不要去管那一大堆關於申請、試用的既定流程，而是直接去做那已經累積一大堆的工作，一般情況下，老闆會高興的，因為有人把工作做完了，省得他再煩惱。然後你再提出申請等事宜，你被拒絕的機率就會降低很多，你很有可能就直接受命上任了。

②　打探消息來源

試著打聽發佈消息的人，問他消息是否確實可靠，以便掌握和了解情況，回顧自己過去的業績，看看有幾分資格勝任這項工作。如果組委會宣佈競選開始。你就可以馬上行動，先申請，然後要求進行面試。

③　詢問老闆對你的評價和鑒定

讓管理者知道你對該職位很感興趣，並詢問他如何提高你的機會。盡量減少管理者這樣的擔心和憂慮——你走了，你的工作誰來代替。同時，防人之心不可無，你也得小心陷阱地雷。你要是顯示出太強大的實力，別人就會把你看作是一個威脅，機智的行動和說話，低調一點，別顯示出你將成為老闆手下要員的自豪心態。

④　始終保持強者面貌

如果要和同事競爭，那就公開一點吧——畢竟你們還得繼續相處一起工作；向你的良師益友詢問意見，如果你自己不發問，沒有人可以幫你；如果你能始終以一種強者面貌出現，你就會從心理上戰勝別人。

如果你看準了一個工作，那就不要錯過機會，趕緊開始行動吧！如果能如你所願的得到工作，那恭喜你！如果職位歸屬於他人，那也無需沮喪，回頭看看原因，為何會受挫？其實即使沒有得到職位也無所謂，你已經得到朋友了。

4. 大膽展現自身光芒

讓別人有興趣聽你自述成就，當你開始「推銷」自己的時候，你會發現這對於提高你的自信、展示你的才能相當有效。

假如你已經有了一個很滿意的工作，那你就要學會保護好自己的工作，發展自己的優勢，提升自己的地位。

每個人都在推銷自己，展示自己的知識和才能，但是不要出賣自己的靈魂。現在，你只需把注意力放在一個問題上：讓別人有興趣聽你自述成就。當你開始「推銷」自己的時候，你會發現這對於提高你的自信、展示你的才能相當有效。

第一，了解自己的知名度

透過各種途徑傳遞有關自己的資訊。如音訊、影片、國內外的辯論賽、課程、討論、面對面的會談、公報、海報欄、傳真、文章、雜誌、電影、圖像等；各種關係網、郵件、函件、傳真等；會議、由員工和顧客寫的信件、意見簿、報紙類；新聞、信件文函、討論會或專業手冊、職業手冊、職業會議、交流會；廣播和電視、新聞、現場脫口秀、公共服務、口述或筆記的報告；演講的報告、調查、學習、詢問、電話；參加研討會、公司會議及各種大型會議，透過聲音和圖像增加訊息量。

主動提出授課或參加培訓，顯示你的洞察力、你的觀點、提供解決問題的方案。

掌握資訊的流程，傳遞新資訊，以便快速採取行動、制定決策、提出異議，顯示你的創造性。

提供解決問題的方案，顯示你的經驗和資歷。從中看出你們成敗得失，並可提供相關意見，報告最新動態。

遞交自己的意見、可以帶給公司營利的文章，提高消息的精確度，提供專業消息，和公司有更好的交流，贏得別人的支援，顯示自己的實力。

宣揚事件及分析動態，隨時把與你有關的消息彙報給經理，使別人對你的業績表示讚揚，顯示出你的才能。

贏得外界對本公司的信任和支持，提高自己的演講能力。查清事情的原委、發展趨勢，得出結論，做出行動。時時與外界保持密切的聯繫，採取果斷的行動，使消息得以互融，對公司對個人都有很好的促進作用。

第二，引起別人的矚目

事實上，即使是那些站在事業巔峰的人，他們也需要別人的肯定和認可，他們也會因別人的漠視而懷恨。所以，如果你的上司總意識不到你的成功，或者他從來不對你的技術大加讚賞，從不為你的出謀劃策言謝，你就得維護自己了。也許你在公司待的時間已經足夠長了，而且一直業績顯著。而你的上司，認為你本該如此，於是忽略了對你的回報。那你就得自己主動去喚起他對你的注意。

在戰略上你要做的是：

以一個勝利者的姿態建立起你的尊嚴和名望，抑制自己的憤恨和鬱悶，以機智有效的辦法宣揚你的努力和取得的成就。

在戰術上你要做的是：

① 謹慎談論你的成功

透過與人交談，顯示你對別人的信任以及對團體支持的讚揚和感激，但是切記別只顧著自吹自擂，用被動的態度降低自吹自擂的成分。讚揚是別人發自肺腑，而不是經過你煽動而形成的。但是，如果別人對你讚揚了，你就應該有禮貌的接受——謝謝！

② 彙報你的成就

寫完你的報告交給管理者，時機恰當的時候，毛遂自薦一下，看到管理者的同意以後，寫篇稿子交給新聞傳媒，敘述你在工作方面的獨到見解，並借此宣揚公司和你個人。

③　舉行競賽，並頒發獎金

給自己的工作任務定一個有力的名字，創造不朽的興奮和熱情。可以設立獎金和紅利，這是激勵人的一種很好的途徑。

也可以為你自己創造一個很好的周邊因素，接著就是你大顯身手的時候了，建議公司參加各種國內外的大賽（當然這種大賽必須是你所熟悉的），為公司出謀劃策，助公司一臂之力，你的成績大家有目共睹，對你的評價自然也就不言而喻了。

你不僅可以跨大步、不失冒昧的使你的成就得以認可，而且可以保持你的禮貌及風度，偶爾有人會提升你，拉你一把，但多數情況下你得自己採取行動，自己幫助自己。縱觀全局，挑一種最佳方法把自己的成績公諸於世。

第三，拿出你的想法

公司需要那些可以獨立思考、獨立解決問題的人。

如果你有什麼重要的觀點意見想發表，就尋找一個恰當的時機，不管在不在你的控制、管理範圍之內，你都得留心好機會，不能讓它從你的眼前溜走。

通常人們都會比較相信白紙黑字的論述，因此，你可以把一些有用的資訊連同你的觀點事蹟一同呈現給老闆。

在戰略上你要做的是：

尋找合適方式宣揚你的觀點，使你的觀點變為文字。

在戰術上你要做的是：

①　提供觀點寫成文章

你發現了一個更好的辦法，你不樂意把自己的想法跟同事分享，例如：探討本部門如何具有創造性。如果你能提供一些有影響、有深度的觀點，並經常在適當時機化為文字。這可以增長你的經驗，並可以提高對你的信任度。

②　與當地的媒體聯繫

和你的老闆商量，因為這可能得與你公司的利益或者公共關係有關。既然這項決議、這個觀點對公司有利，公司的人會主動找你聯繫。你所建議的東西必須要有廣泛的公眾利益。

③　發放關於你的工作的文稿副本

為擴大自己的影響，擴大社交面、關係網，把文稿副本或分發給一些有影響、有資歷的人。如果你能尋找適宜時機遞交文件資料，可以增加你的自信，更加仔細的閱讀報章雜誌，看看裡面文章的類型以及涉及的內容，事實上，只要留意一周，你很快可以學會投稿那一類型的文章。

第四，鎖定焦點話題，進行非正式的調查

非正式的調查可以讓你抓住時代潮流，始終鎖定焦點話題。採訪、詢問、電話查詢是你檢驗、改變自己的態度和方法的可行辦法。充分利用它，有時會有意想不到的收穫。儘管隨機抽樣不是很精準，但是它非常迅速、非常科學，有助於目標決策。

在戰略上你要做的是：

做一個民意調查。分析當前需要的資訊。如果感覺有問題存在，那就選擇合適的補救方式。

在戰術上你要做的是：

① 研究態度

一周之前，當老闆說每個人都對改變做事方式有抱怨、牢騷、嘆氣。你堅信：指出一個真正的反對意見很有必要，這樣才可以更好的解決。所以你開始了調查訪問，以得到最真實的回答。

② 鼓舞士氣的調查

空氣中到處都是緊張的氣氛，你很難撫平，你採訪了這麼多人，別人能確切的說：員工為什麼越來越糟，頻頻犯錯，並且都是無精打采，毫無熱情；為了得知真實的原因，並知道公司上下不滿情緒到底到了何種程度，你所做的調查就必須能振奮人心、鼓舞士氣。準備一張清單，你能想像多少原因，都列舉下來，然後一一校對。留下空白，寫下其他原因。最後將這些答案加以彙整，這會為你以後的工作鋪平道路。

③ 預測調查結果

看看你的同事和下屬如何選擇需要，並且如何評估效果。這透過電話就可以很快完成，每個被採訪者都被問了同樣的問題；結果必然對作出決定（至少是影響決定）很有作用。

如果你能夠向老闆傳遞資訊的精髓，或者你可以帶領你的部下，做出明智的決定，那你對公司就有了價值，你就贏得了你該有的榮譽和尊敬。

第五，有準備的參加交流研討會

讓你的部門不定期的非正式的集合一下，開個會，可以顯示出你的才華和能力，而且還可得知你的努力和成果。如果你可以提出明智的觀點，採取有效行動，問一些相關問題，你就會從人群中脫穎而出。工欲善其事，必先利其器，這都是為你日後做準備。

在戰略上你要做的是：

透過會議，使你和其他員工區分開來，使你脫穎而出。

在戰術上你要做的是：

① 有準備的參加會議

以一個吸引人的開頭——比如一分鐘的錄音作為開場白，這可以使你不至於散漫無邊，而可以一下切中重點，充滿自信的演說，不要一味的念稿子，而是要保持眼神的交會，只需列出提要，看到提要就可以聯想到自己想說的內容。

② 主次分明的進行演講

在會議上發言之前，可以在家把自己要說的話錄下來，進行修改、潤色。然後透過問題引出自己的觀點，在演講時，尤其要注意主次分明，這樣會顯得你非常用心工作，也展現了你的個人特質。

③　及時注意討論的方式

如果有些觀點、有些資訊非常不得人心，那就沒有繼續討論的必要。如果現場的討論非常熱烈，那就建議分為幾個小組進行詳細討論。主動在會議後與人交換意見，透過腦力激盪，形成良策，或是主動收集各小組的討論結果，公開闡述合作的結果，必會產生效果，顯示你的機智與周密，同時也增長了你的閱歷和經驗，使人對你刮目相看。

④　關於建議和資料

如果老闆沒有說清楚會議的主旨和核心，任務和內容。主動從自己的議程中抽出精華以得到老闆的許可和贊同。如果在會議中，你忽然靈感一閃，腦中閃過一個你沒有準備好的觀點。先給自己一些時間考慮，簡明扼要的陳述，然後回家做一份詳細的報告。第二天放在老闆桌上。

參與會議可以幫你打上強力聚光燈。透過會議，施展你的才能，顯示你的魄力，散發你的光芒，雖說「是金子總會發光」，但為了早日發光，消極被動絕對不可行，你需積極主動才行。

第六，努力提取你需要的重要資訊

如果你總能在合適的場合提供有利的、有效的、有吸引力的資料，別人對你的印象一定會大幅度提升，你一定也會因此受益匪淺。

在戰略上你要做的是：

精心蒐集資料、歸類，提前計畫好怎樣使用這些資料，同時也能幫助自己。

在戰術上你要做的是：

① 主動出擊

你聽到好多議論，說公司最新指令模糊不清、自相矛盾、繁冗拖沓，那就趕快準備並發放報告，提供參閱者更詳細的資訊。

② 精煉報告格式

每人得到的資料都只是一個大概內容。你如何才能使自己的報告更人性化呢？你可以把所有的資料濃縮在一張紙上。使用簡潔洗練的語詞，而且必須能吸引人們的注意力，簡短的擬訂標題。正文分為幾個小點。

③ 耐心解釋複雜的文字

條文一旦複雜，你更需要用心去體會，萬不可心急，要記住心急吃不了熱豆腐，你會得不償失的。

為了提高你在公司的地位，使別人為你歡呼，你不妨考慮考慮為公司提供一些你蒐集好的有用的資訊和資料，其實這只是一個小小的努力而已，但你卻可以重新塑造並拓展你的工作。

5. 沒有最好只有更好

自我滿足就意味著停滯不前，一個人一旦自以為工作做得很出色了，那麼他就會固步自封，難以突破自我，慢慢的會逐漸找不到自己的位置。

追求完美會讓我們工作起來疲於奔命，似乎永遠看不到最終的目標。可是它對職場中的人來說很重要，自我滿足就意味著停滯不前，一個人一旦自以為工作做得很出色，那麼他就會固步自封，難以突破自我，會逐漸找不到自己的位置。

要想做職場上的常勝將軍，祕訣只有一條，那就是隨時思考改進自己的工作。

我們所處的時代已經不是那個只要肯出力就能做好工作的時代了。公司僱用你來做好工作，但更重要的是，僱用你隨時去思考，運用你的判斷力，以組織利益為前提採取行動。所以，職場人士要時時提醒自己，任何工作都有「百尺竿頭，更進一步」的可能。

第一，你的方案是最好的嗎？

有個剛剛進公司的年輕人自認專業能力很強，對待工作很隨意。有一天，他的老闆交給他一項工作，為一家知名企業做廣告策劃。

這個年輕人見是老闆親自交代的，不敢怠慢，認認真真的努力了半個月，半個月後，他拿著這個方案，走進老闆的辦公室，恭恭敬敬的放在老闆的桌子上。誰知，老闆看都沒看，只說了一句話：「這是你能提出的最好方案嗎？」年輕人一愣，不敢回答，老闆輕輕的把方案推給年輕人。年輕人什麼也沒說，拿起方案，走回自己的辦公室。

年輕人苦思冥想了好幾天，修改後交上，老闆還是那句話：「這是你能提出的最好的方案嗎？」年輕人心中忐忑不安，不敢給予肯定的答覆。於是老闆還是讓他拿回去修改。

這樣反覆了四五次，最後一次的時候，年輕人信心百倍的說：「是的，我認為這是最好的方案。」老闆微笑著說：「好，這個方案批准通過。」

有了這次經歷，年輕人明白了一個道理：只有持續不斷的改進，工作才能做好。之後他經常自問：「這是我能提出的最好的方案嗎？」然後再不斷進行改善，不久他就成為了公司不可或缺的一員，老闆對他的工作非常滿意。現在這個年輕人已經成了部門主管，他領導的團隊業績一直很好。

因此，我們可以得出這樣的結論：工作做完了，並不代表沒有改進空間。在滿意的成績中，依然抱著客觀的態度找出問題，發掘未發揮的潛力，創造出最佳業績，這才是現今優秀員工的表現。

第二，質疑自己的工作

成功的職場人士都喜歡問自己：「怎麼樣才能做得更好？」具有這樣的意識，自然能夠了解自己所欠缺的、不足的還有很多，這些可能正是公司今後的策略和方法。

看起來質疑自己的工作並不難，但大多數員工並沒有這樣做。

一位老闆在他的回憶錄上這樣寫道：

「有些員工接到指令後就去執行，他需要老闆具體而細緻的說明每一個專案，完全不去思考任務本身的意義，以及可以發展到什麼程度。

我認為這種員工是不會有出息的。因為他們不知道思考能力對於人的發展是多麼重要。不思進取的人由接到指令的那一刻開始，就感到厭倦，他們不願花半點腦筋，最好是能像電腦一樣，輸入程式就不用思考把工作完成。」

所以，不斷思考改進是你必須要做的事。

在你對既有工作流程尋求改變以前，必須先努力了解既有的工作流程，以及這樣做的原因。

然後質疑既有的工作方法，想一想能不能做進一步改善。

培養自己一絲不苟的工作態度。那種認為小事可以被忽略或置之不理的想法，正是你做事不能善始善終的根源，它直接導致工作中漏洞百出。

一個人成功與否在於他是否力求最好，成功者無論從事什麼工作，他都絕對不會輕率疏忽。因此，在工作中就應該以最高的規格要求自己。能做到最好，就必須做到最好。這樣，對於老闆來說，你才是最有價值的員工。

第三，敢於破舊立新

如果一個人對未做過的事情缺乏自信，那麼他絕對不會成功。只有深刻領會到這一點，做到不斷自立自強，不斷奮鬥，才能成長為不平凡的人。因此，每個人都必須樹立堅定的信心，鍛煉堅強的意志。

「勇往直前」是巴羅．羅特希爾德一生的座右銘，也是世界上無數成功者的取勝絕招。

在人類歷史上，只有那些自信、勇敢、不退縮而又會推陳出新的人和那些富有冒險精神的人，才能成就偉大的事業。開創新局的偉大人物永遠不會去模仿、抄襲他人，更不會束縛自己、墨守成規。

- 格蘭特將軍從不照本宣科、機械化的模仿軍事教材，為此他受到了許多戰士的非難和無禮指責，但最終他打敗了強敵。
- 並不熟知所有戰術的拿破崙，自己制定了切實可行的新戰略，結果戰勝了全歐洲。
- 希歐多爾羅斯福的「新政」，很少參照白宮前任主人們的施政方針。做過員警、公務員、副總統的他絕不模仿他人，總是堅信自己的意見。因此，他終於造就了傲人的戰績。

無論你抄襲、模仿的偶像多麼的偉大不凡，你也不會走向成功。完全抄襲與模仿不會造就成功，只有自己的創造力，才能讓你走入成功的境地。

我們的世界給創新者出路，因為我們需要他們。而模仿者、追隨者、墨守成規者不會受人歡迎，因為他們很難開闢新路。世界需要推陳出新者，因為他們能脫離舊軌道，獨闢蹊徑。獲得成功的法寶就在你自己體內，那就是你的才能與勇氣，就是你的堅韌決心，就是你的良好品格與創造力。

奮發的勝利者，走向灑滿金光的大道。他們只是做他們自己的事，而不會去做已經有很多人在做的工作，更不會用他人已經用過的方法。世界的進步是推陳出新、破舊立新的結果，是拋棄陳腐、愚昧、迷信而不斷更新、不斷創造的結果。

陳舊被淘汰，創造為所需，世界上所有一切都離不開古今中外的創新先鋒們。刪去了創新事蹟的歷史，將會令人乏味無窮。雖然他們遭遇困難、挫折甚至譏諷嘲笑，但他們勇敢的踏步向前，他們破壞一切惡習先例，創造更美的明天，來推動世界科技與文明的巨輪不斷前進。

第四，走向卓越

「卓越……」派特．賴利這麼說道，「是不斷追求更優越表現的累積『結果』。」

當然，對於卓越的追求，不同的人適合的方法各有不同。不過有幾個策略則是放諸四海皆準的，各位在思考如何脫離平庸、邁向卓越的時候，不妨參考以下這幾個方法：

① 彌補瑕疵

前鋒拉桑．塞拉姆大學時代在球場上傑出的表現讓他在一九九五年贏得「海曼斯獎」（Heisman Trophy），芝加哥熊隊（Chicago Bears）因此積極將他網羅旗下；拉桑．塞拉姆加入芝加哥熊隊之後雖然拼命為球隊衝鋒陷陣，但是對手很快就注意到他有個大弱點——很容易漏球。事實上，他丟掉球的次數高達九次。

《芝加哥論壇報》報導指出，芝加哥熊隊的教練特地設計了一套實用的練習矯正拉桑．塞拉姆的問題，他們用一個很長的皮帶繞在足球上，然後在拉桑．塞拉姆緊緊將球抱在身上向前跑的時候，讓另一個球員在後頭扯足球上的皮帶，拉桑．塞拉姆在這樣的練習之後，終於能夠緊抱著足球，就算被擠推，也不會鬆手丟下球。

希望能夠在事業生涯上出類拔萃的人，對於頂尖的表現自有一套定義，並且會積極朝這樣的標準邁進。在這樣的過程當中，他們會逐漸發現有問題的地方，並且加以修補、調整，然後再繼續努力朝著理想一步步的推進。

細微的瑕疵、不盡完美之處，或是不怎麼理想的成果都有可能出現，這些都是過程中必然的環節。不過在我們朝卓越進軍的過程中，如果碰到了問題就阻礙不前，或不去努力更正問題，日後很難成功達到卓越的境界。這份修補瑕疵的決心也就是卓越和平庸之間的分界線。誠如奧利弗．克倫威爾於十七世紀初期曾經說過的：「不求自我提醒的人，到最後只會落得退化的命運。」這樣的追求是永遠都不該停止的。

拉桑．塞拉姆或許一整場比賽都沒有犯漏球的毛病，但是這可不表示他在後衛的表現就有多麼傑出。除了去除弱點以及面對能力的限制之外，還需要許多層面的配合，才能夠讓我們成功的邁向卓越。

② 找出你的長處

著名的管理大師彼得．杜拉克過去好幾十年間除了擔任大企業的顧問之外，也是很多產的商管書籍作者；根據多年的觀察，他說：「最令人費解的地方並非人們表現有多麼不好，而在於人們只在某些領域的表現不錯。力有未逮是全世界普遍存在的問題。譬如，小提琴家雅沙．海菲茨雖然小提琴拉得出神入化，但是他吹喇叭的話說不定會不堪入耳。」

找出自己的長處、才能或是興趣，對你邁向卓越有事半功倍之效，當我們找到自己擅長的領域，譬如高爾夫球或是網球，那麼掌控的能力以及力量自然能夠更上一層樓。

你所具備的長處可以協助你突破瓶頸，保障自己的事業生涯，提升自己對公司的價值，以及為更上一層樓做好準備，每天不斷的驅策自己向上，朝完美前進，到最後自己對於團隊以及所屬機構的貢獻也會受到大幅的提升。

③　專注在自己的領域

美國前總統吉米．卡特在海軍服役的時候，曾經申請參與核子動力潛艇計畫。那時候負責這個計畫的是海軍上將海曼．李高佛，他的嚴厲以及要求之高在軍中無人不知。吉米．卡特那時候必須和這位傳奇色彩濃厚的將軍面談，只要是跟這位將軍面試過的申請者走出大門，都是滿臉的疑懼，而且顯然是被嚇壞了，但是要想獲得錄取，就得過得了海曼．李高佛這一關。

吉米．卡特回憶說，在他和海曼．李高佛上將的談話過程中，將軍大多讓他自由發揮，挑他自己比較熟悉的話題來談。不過將軍問他的問題越來越困難，而且都是吉米．卡特不怎麼熟悉的領域。

就在訪談即將結束的時候，將軍問他：「你在海軍軍校裡頭的成績如何？」吉米．卡特非常驕傲的回答說：「我在八百二十名的學生當中排名第五十九。」他滿心以為將軍會對這樣的

從來就沒有懷才不遇

知道自己是什麼咖，成為最夯的獵才目標

成績表示讚賞，沒有想到將軍卻說：「看來你沒有全力以赴。」

吉米．卡特起初回答說：「不，我盡了全力。」但是後來他想了想，其實在美國盟邦、敵人、武器以及戰略等等領域的認識上，他都還有加強的空間，因此後來他回答說：「是，我不是一直都如此全力以赴。」

海曼．李高佛上將盯著吉米．卡特看了一會兒，然後轉身表示訪談結束，不過他丟了一個問題給吉米．卡特：「為什麼不？」

海曼．李高佛上將是不是太過嚴厲？他對年輕的海軍是否要求太高？他的期望是否不切實際？吉米．卡特可不這麼認為，他說，海曼．李高佛上將那天所說的話令他畢生難忘。好幾年以後，吉米．卡特更以這句話作為他的新書標題：《為什麼不出類拔萃？》（Why Not the Best?）。

面對這個瞬息萬變的世界，有些人為了能夠跟上腳步，而把自己的標準降低，對於自己表現的傑出與否沒有多大期待。美其名說是為了效率，但是實際上卻是一種犧牲。很不幸的是，這種做法可能會使得他們的表現降到平庸的程度。

柯林．鮑威爾說得很對：「要不要全力以赴操縱在我們自己的手上，但是除非我們願意這麼做，否則這種選擇的自由可是一點意義也沒有。」

不論你從事的是什麼領域，不管用什麼樣的方法，何不現在就好好大顯身手一番？

第四種人　團結合作的人

在公司或辦公室裡，幾乎沒有一份工作是能一個人獨立完成的，大多數人只是在高度分工的工作中承擔一部分。只有依靠部門中全體職員的互相合作、互補不足，工作才能順利進行，成就一番事業。

——傑克．威爾許

1. 建立起信賴的基石

我們需要投入極為龐大的心力，才能建立起耐心、決心以及紀律，才能夠長期維持緊密的關係；而努力的核心關鍵是信賴，保持始終如一才能走向通往目標的康莊大道。

德里斯科爾曾說過：「人們對服務機構的滿意程度可以從他們的信賴度顯示出來。」你和你信賴的人共事嗎？他們是否也信任你呢？這兩個問題的答案可以顯示工作環境的品質。

「要是沒有信賴感，人與人、團隊與團隊或是部門與部門之間就沒有合作的基石。」愛德華茲．戴明表示：「沒有信賴的基礎，每個人都會試圖保護眼前的利益；但是這麼做會對長期的利益造成損害，並且會對整個體系造成傷害。」無數的企業曾經在愛德華茲．戴明的建議、協助之下，讓公司的表現達到最高的境界。愛德華茲．戴明的經驗顯示出，信賴對於品質、創新、服務和生產力的重要性在全世界都是同樣適用的。

根據韋氏詞典的解釋，信賴是「對於某人或者某事的品行、能力、強項或是信任感到放心。」換句話說，信賴意味著對某人、某事有足夠信心或是深信不移。雖然我們這一代大致上還算信賴別人，但是這一代同時也是歷史上非常重要的階段，不信賴以及懷疑悄悄的取代了信賴。

比爾．肯尼斯在《不會落空的希望》一書中寫道：

第四種人　團結合作的人

1.　建立起信賴的基石

「我們當初以為可以信賴軍方，但是後來卻爆發了越戰；我們以為可以信賴政客，但是後來卻有了水門事件。」

「我們以為自己可以相信股票經紀人，但是結果卻有黑色星期一來報到；我們以為可以信任牧師，但是卻有不肖神職人員史華格。如此說來，這天底下到底有誰值得信任？」

毫無疑問的是，這個名單可以一直列舉下去，這個世界上有太多問題，使得人與人之間的信賴逐漸瓦解。

在《聖經真理》一書中，作者艾恩塞德講了一個小故事，說明對他人妄下定論的行為有多麼的愚蠢。

有位叫波特的人搭乘一艘豪華遊輪前往歐洲，當他上船之後發現要和另外一位乘客住同一間艙房。他進去看了一下住宿的地方之後，就跑到事務長的辦公室詢問是否可以把金錶和一些貴重物品都寄放在保險箱裡頭。這位波特先生告訴事務長，他通常不會這麼做，不過他去艙房看過之後，覺得這位同房的先生看起來不怎麼可靠，所以才決定把貴重的物品寄放到保險箱。這位事務長接下波特先生的貴重物品之後說：「沒有問題，波特先生，我很樂意幫你保管，其實和你同房的那位先生已經來過我這兒了，他也是因為同樣的理由要寄放貴重物品。」

相互信賴是個有風險的遊戲，但是如果你鼓起勇氣先賦予別人信賴時，最終你會成為這場遊戲的贏家。

日常做人處世時只要能夠秉持以下幾個原則，那麼你們也可以和他人同心協力建立起一個人們都彼此信賴的環境：

① 聆聽他人的心聲

試著去了解別人的感受、觀點以及體驗，而且要能夠守住秘密，就算知道一些敏感或是私人的事情，也不要隨便向外透露，先徵求別人的意見。當對方誠心誠意的想要了解你的為人以及想法時，自然也能夠贏得你的信任。

② 保持正直的品格

用行動證明你是個說到做到的人，讓別人知道你信守承諾。只要是你說要做的事情，別人就完全無須懷疑，簡單來說就是要說到做到。你的態度和行為必須和自己說出來的話語一致。這可能是贏得他人信賴最有效的方法了。

③ 杜絕閒言閒語

無論是謊言、華而不實的話語還是在別人背後的閒言碎語都會使信賴遭到扼殺。不要道聽塗說，而是應該明察事情的真相。有些事情的真相的確很難讓人接受，但是彌補謊言所造成的傷害卻更令人痛苦。應該培養一種坦誠、有話直說的溝通模式。

④ 尊重別人的價值觀

你對別人的生活形態或許看不過去或許覺得匪夷所思，但仍需為對方設身處地的著想。當你能夠了解別人的想法，並且對其表示認同的時候，雙方自然會產生一種真誠的關係，眼裡只有自己的人往往無法建立這種坦誠的關係。

⑤　關心別人

當我們匆匆忙忙追求目標的時候，卻往往忽略了他人的需求。真心誠意的關心別人的需求會為我們自己帶來極大的回報；協助別人達到他們的目的，並且讓別人感到尊重；體貼、尊敬、仁愛和相信他人，會培養出信賴感，最終會帶領你走上成功的道路。

⑥　彌補錯誤

願意坦白承認錯誤，請求原諒。當人與人之間的關係因為衝突而陷入緊張的時候，努力恢復和平的氣氛。如果有了「傷口」而不加以治療，那日後會「化膿」，並且使關係受到「感染」。一旦出了問題，很想把責任推到別人頭上，也要忍著不這麼做，應該勇於承擔責任，並且努力彌補錯誤。

我們必須在生活當中落實以上所說的六項原則，才能夠穩固的建立起信賴的基石。對此，我們需要投入極為龐大的心力，建立起應有的耐心、決心以及紀律，才能夠維持長期關係的緊密如斯；而信賴正是這些努力當中的核心所在，始終如一則是讓你通往這個目標的康莊大道。

2.　學習鼓舞人心的藝術

當你為別人加油打氣的時候，別人同時也會把你視為救星，這樣的努力不要偶爾為之，而是應該持之以恆，並且將此視為一種生活的態度。

威廉．亞瑟．沃德說過：

「拍我的馬屁，我可能不會相信你；如果你批評我，我可能會喜歡你。如果你對我視若無睹，我可能不會原諒你，但是如果你鼓勵我，我永遠都不會忘記你。」

專欄作家鮑伯．格林有一次問籃球界的傳奇人物麥可．喬丹，為什麼他在比賽的時候希望父親能到場，喬丹回答說：「當父親坐在觀眾席的時候，我就好像吃了一顆定心丸，因為我知道，就算全場噓聲四起，我至少還有一個忠心的球迷默默的為我加油打氣。」

不管你是個多麼強大、多麼自信或是多麼受歡迎的人，當你面對嶄新的挑戰，困難的情況，或是處理枯燥的工作時，如果感受到支持者衷心的鼓舞和打氣，所有的問題都能夠迎刃而解。正是因為這個道理，你也有必要成為別人忠心的支持者，為他們鼓勵、加油。

大多數人的目光放得太高，老是希望為全人類的幸福而努力，但是卻忽略了小事情，其實就算是一些小小的協助或支持，對於受到協助的人而言，也具有同樣的意義，效果也不會因此而打折扣。這些「小事」裡頭也包括了對他人的鼓舞。有個人曾這樣說：「鼓勵是邁入新的一天的動力。」這種鼓舞的力量是非常強大的，人們會因此而對自己更有信心，並且獲得足夠的力量繼續前進，為了達到所希冀的境界而全力以赴。

一句稱讚他人「工作做得不錯」的話（哪怕是微不足道的話語、動作或是簡短的稱讚、鼓勵）可能對那個人的生活造成非常深遠的影響。遺憾的是，我們未必肯抽出時間和他人分享自己衷心的感受，或是用一些鼓舞的話語讓他人感到欣喜。

那麼現在，請你找張小卡片，從自己的同事當中選出一個人，在小卡片上寫上貼心話，為對方打氣。你對這個人最佩服的地方是什麼？你可以看他／她的才能、特徵或是為人處世的態度；你為什麼樂於和這個人共事？這個人這星期裡做了些什麼事情讓你感到快樂、如釋重負，或是為了整個團隊創造了更大的價值？這裡要提醒你的是，你在小卡片上所寫的訊息要個人化，用名字（不要冠姓）來稱呼對方，寫下鼓勵的話語以及你對他／她的感受，內容要盡量寫得清清楚楚。奧裡森．馬登深信：「努力為你周圍的人帶來陽光和微笑，這樣將會為你帶來豐富的回報，這也是其他任何投資都無法比擬的。」這句名言充分說明了這個練習的主要目的。

真心協助別人建立起自信及自重，讓他們深信自己有能力。讓人們了解到自己的重要性並且看到自己的努力受到肯定。對於別人的成功衷心的感到興奮，成為給別人加油打氣的啦啦隊長，突顯別人的貢獻以及長處。每天帶著溫暖的陽光去上班，並且把這樣的溫暖散播給和你共事的每一個人。

知道嗎？當你為別人加油打氣的時候，別人同時也會把你視為救星，這樣的作為不要偶爾為之，而是應該持之以恆，並且將此視為一種工作的態度。

弗洛倫斯．利陶爾說：

「我們都需要鼓勵，當然，如果沒有鼓勵的話語，我們照樣生活，就好像幼苗沒有肥料的滋養，依然會繼續成長。但是如果沒有這種溫暖的鼓勵的滋養，我們自己的潛能就無法得到充分的發揮，而且就像是沒有肥料的樹木一樣，成功幾乎不可能在這樣的環境下開花結果。」

對於鼓勵他人來說，就如同送人鮮花的手總會留有餘香。

3. 公司永遠需要團隊作戰

一個人可以憑著自己的能力取得一定的成就，但是如果把你的能力與別人的能力結合起來，就會取得更大且令人意想不到的成就。

團隊精神是現代企業成功的必要條件之一。能夠與同事友好合作，以團隊利益至上，就能夠把你的獨特優勢在工作中淋漓盡致的展現出來，也自然能夠引起老闆的關注，否則很難在現代職場中立足，因為「個人英雄主義」時代已經一去不復返了。「有很強的能力並善於與他人合作」，已成為企業在招募員工時的重要衡量指標。

對此，以下幾個方面，作為職場人士的你應該牢牢記住。

第一，優秀不是被任用的唯一理由

一家有影響力的公司招聘高階管理人員，九名優秀應徵者經過初試，從上百人中脫穎而出，闖進了由公司總經理親自把關的複試。

總經理看過這九個人的詳細資料和初試成績後，相當滿意，但是，此次招聘只能錄取三個人，所以，總經理給大家出了最後一道題目。

總經理把這九個人隨機分成甲、乙、丙三組，指定甲組的三個人去調查嬰兒用品市場，乙組的三個人調查婦女用品市場，丙組的三個人調查老年人用品市場。總經理解釋說：「我們錄取的人是用來開發市場的，所以，你們必須對市場有敏銳的觀察力。讓大家調查這些行業，是想看看大家對一個新行業的適應能力。每個小組的成員務必全力以赴！」臨走的時候，總經理補充道：「為避免大家盲目開展調查，我已經叫秘書準備了一份相關行業的資料，走的時候自己到秘書那裡去取！」

兩天後，九個人都把自己的市場分析報告送到了總經理那裡。總經理看完後，站起身來，走向丙組的三個人，分別與之一一握手，並祝賀道：「恭喜三位，你們已經被本公司錄取了！」然後，總經理看見大家疑惑的表情，呵呵一笑，說：「請大家打開我叫秘書給你們的資料，互相看看。」原來，每個人得到的資料都不一樣，甲組的三個人得到的分別是嬰兒用品市場過去、現在和將來的分析，其他兩組的也類似。總經理說：「丙組的三個人很聰明，互相借用了對方的資料，補全了自己的分析報告。而甲、乙兩組的六個人卻分頭行事，拋開隊友，自己做自己的。我出這樣一個題目，其實最主要的目的，是想看看大家的團隊合作意識。甲、乙兩組失敗的原因在於，他們沒有合作，忽視了隊友的存在。要知道，團隊合作精神才是現代企業成功的保障！」

微軟中國研發的總經理張湘輝博士說：

「如果一個人是天才，但其團隊合作精神比較差，這樣的人我們不要。中國資訊產業有很多年輕聰明的人才，但團隊精神不夠，所以每個簡單的程式都能編寫得很好，但編寫大型程式就不行了。微軟開發WindowsXP時有五百名工程師奮鬥了兩年，有五千萬行編碼。軟體發展需要協調不同類型、不同性格的人員共同奮鬥，缺乏領導型的人才、缺乏合作精神是難以成功的。」

第二，不斷反省自己的錯誤觀念

想想自己是否有以下的表現：

從不承認團隊對自己有幫助，即使接受過幫助也認為這是團隊的義務；

遇到困難喜歡單打獨鬥，從不和其他同事溝通交流；

好大喜功，專做不在自己能力範圍之內的事。

一個人如果以這種態度對待所面對的團體，那麼其前途必將是黯淡的。只有把自己融入到團隊中的人才能取得大成功。在專業化分工越來越細、競爭日益激烈的今天，靠一個人的力量是無法面對千頭萬緒的工作的。一個人可以憑著自己的能力取得一定的成就，但是如果把你的能力與別人的能力結合起來，就會取得更大且令人意想不到的成就。

一加一等於二，這是人人都知道的算術，可是用在人與人的團結合作上，所創造的業績就不再是一加一等於二了，而可能是一加一等於三、等於四，團結就是力量，這是再淺顯不過的道理。

一個人是否具有團隊合作的精神，將直接影響他的工作成績。

第三，要努力獲得真正意義上的成功

當你來到一個新的公司，你的上司很可能會分配給你一個難以獨立完成的工作。上司這樣做的目的就是要考察你的合作精神，他要知道的僅僅是你是否善於合作，勤於溝通。如果你不言不語，一個人費力摸索，最後的結果很可能是死路一條。明智且能獲得成功的捷徑就是充分利用團隊的力量。

一位專家指出：

現代年輕人在職場中普遍表現出的自負和自傲，使他們在融入工作環境時緩慢和困難。他們缺乏團隊合作精神，專案都是自己做，不願和同事一起想辦法，每個人都會做出不同的結果，最後對公司一點用也沒有。

事實上，一個人的成功不是真正的成功，團隊的成功才是最大的成功。對每一個職場人士來說，謙虛、自信、誠信、善於溝通、團隊精神等一些傳統美德是非常重要的。團隊精神在公司與個人事業發展中都是不容忽視的。那麼，要怎樣加強與同事間的合作，提高自己的團隊合作精神呢？

①　主動交流

交流是協調的開始，把自己的想法說出來，聽聽對方的想法，你要經常說：「你看這件事怎麼辦，我想聽聽你的想法。」

②　平等友善

即使你各方面都很優秀，即使你認為自己以一個人的力量就能解決眼前的工作，也不要顯得太張狂。要知道還有以後，以後你並不一定能完成一切。

③　樂觀向上

即使是遇上了十分麻煩的事，也要樂觀，你要對你的夥伴們說：「我們是最優秀的，一定可以解決這件事，如果成功了，我請大家喝一杯。」

④　坦然接受批評

請把你的同事和夥伴當成你的朋友，坦然接受他的批評。一個對批評暴跳如雷的人，每個人都會敬而遠之的。

在同一個辦公室裡，同事之間有著密切的聯繫，誰都不能單獨的生存，誰也脫離不了群體。依靠群體的力量，做合適的工作而又成功者，不僅是自己個人的成功，同時也是整個團隊的成功。相反，明知自己沒有獨立完成的能力，卻被個人欲望或感情所驅使，去做一個根本無法勝任的工作，那麼失敗的機率也一定更大。而且還不僅是一個人的失敗，同時也會牽連到周圍的人，進而影響整間公司。

個體想在工作中快速成長，就必須依靠團隊、依靠集體的力量提升自己。善於合作，有優秀團隊意識的人，整個團隊也能帶給他無窮的收益。

4. 建立良好的人際關係

職場上的人際關係就跟蜘蛛網一樣，網織得越大越牢固，工作就越容易開展，事業就越容易取得成功。

在工作中，人與人之間的關係是一種相互依存的關係，不僅所肩負的事業存在共同性，而且也有更多工作必須依靠合作才能完成。因此互相破壞、從中作梗、暗處搗亂，想把一件事做好是不大可能的。而讓周圍的人都能支持和合作，自然需要氣氛上的和諧一致，倘若情感上互不相容，氣氛上尷尬緊張，就不可能步調一致的工作。

職場上的人際關係就跟蜘蛛網一樣，網織得越大越牢固，工作就越容易拓展，事業就越容易成功。人際關係是一個人成功的基礎和保證。

作為辦公室的一份子，你不僅要具有足夠的專業知識和工作能力，還必須有建立良好人際關係的能力，就像蜘蛛合理利用每一根蛛絲來織網捕食一樣。

有一位元女士，不斷更換工作，一心要找個合適的工作環境。

她說：「我上班時，整天聽到別人對我發牢騷、抱怨、批評、喊不平，害得我晚上也因此情緒受到干擾。所以我只好一而再的換工作，只是為了換換新面孔，聽聽新話題。結果別人仍然是那樣對待我，幾乎沒有絲毫的改變。」

「最後我終於發現，問題不在他們，在我自己，因為我沒有處理好與同事之間的人際關係，才使自己經常處於被動的地位。」

建立良好人際關係是一個不斷努力的過程，你必須不斷爭取同事和上司的信任。同時，也要不斷自我檢討和改正自己的錯誤。良好的人際關係不僅可以幫助你事業成功，也可以挖掘你的內在潛能。優秀的上班族通常能洞悉其中的關鍵。

掌握以下五種技巧，必能為你建立良好的人際關係。

①　勤勞

在辦公室內，即使你效率甚佳，做事迅速，仍要懂得適當掌握尺度，盡量把工作時間調節得比別人快一點，但不可太快，否則必然招來嫉妒，有損良好人際關係的原則。

②　謙卑

要獲得同事的認同和接受，態度一定要謙卑，凡事要忍讓，要有孔融讓梨的精神。

③　慎言

慎言也就是與同事不談公司內部的人和事，無論是或非、讚揚或排斥，都不要忽略對方的自身利益，凡事多聽少說才是最佳策略。

④　活躍

脫離群體的人是很難建立良好的人際關係的，所以要多參加公司的各項活動才能加深別人對你的印象，不論是上司、同事還是下屬，只要有人舉行慶生、升職等諸如此類的活動，都必須到席，因為只要你能多出兩分熱誠，就能減少兩分別人對你的戒心。

⑤　慷慨

既然參與就一定要全身心投入，所以凡同事過生日或宴會，送蛋糕或買禮物，都要合理花錢。當然，這對普通上班族來說，這些開支或許不少。但是，你必須牢記，這樣做換來的利益是難以計量的，建立良好的人際關係對你絕對是百利而無一害。

只要你能做到以上幾點，即使不能平步青雲，至少也可以保住你的地位，不致受人排斥，如此便可鞏固你在公司內的勢力。

處理好人際關係，對你的成功來說，好處是不言而喻的。良好的人際關係不僅帶給你工作上的成功與順利，還帶給你安寧、愉快、輕鬆、友好的心理環境。

船王包玉剛在總結自己的成功經驗時，就認為善於運用良好的人際關係是重要因素。他跟滙豐銀行以及日本商人的關係很不錯。滙豐銀行給他支持，實際上是以私人關係敲開門的。包玉剛向滙豐銀行首次借貸時，名氣不大，自己也沒有多少身價，當時滙豐銀行不準備貸款給他，但是他與滙豐銀行一個小部門的負責人私交甚好，在這層關係下，滙豐銀行貸了一筆數額很小的款項給他。包玉剛並不氣餒，努力工作，用這筆錢賺取了利潤。同時，對他朋友的盡力幫助表示衷心感謝，兩人的友誼不斷加深。後來這位負責人升職為銀行的高階決策人員，包玉剛也因這層關係獲得了越來越多的貸款。

如果你人際關係好，在工作競爭中會明顯佔優勢，同事不僅會支持你的工作，還會處處為

從來就沒有懷才不遇

知道自己是什麼咖，成為最夯的獵才目標

你著想，處處維護你的利益，這對你成就事業無疑是最難得的基礎。

善於編織人際網的職場人士，是最受歡迎的，他所承受的壓力比別人小，成功的機率也相對較高。卡內基說：「一個人的成功，只有百分之十五是由於他的專業技術，而百分之八十五則要靠人際關係和他做人處世的能力。」總之，良好的人際關係是你成功大道上的墊腳石。

當然，人際關係有時也跟蜘蛛網一樣，會因為一場突如其來的暴風雨而遭受破壞。當你的人際關係出現危機，你與同事之間出現裂痕，和他們之間的交往出現障礙時，你該怎麼做呢？

同事之間有競爭、有摩擦，這是不可避免的，但作為一個高明的職場人士，應該懂得如何把這種摩擦降到最低限度，應當學會如何把這種競爭導向對自己有利的方向。

有人說：「辦公室裡沒有永遠的朋友，只有永遠的敵人。」人與人之間，或許會有不共戴天之仇，但在辦公室裡，類似「仇恨」是不會達到那種地步的，畢竟你們是同事，都在為同一家公司工作，只要矛盾並沒有發展到你死我活的境況，總是可以化解的。記住：敵意是一點一點增加的，也可以一點一點消除。同樣在一家公司謀生，無法避免碰面，還是少結冤家比較有利於你自己。不過，化解敵意，與同事和好也有一定的技巧。

比如，與你平時關係最密切的同事，突然之間對你十分不滿，不但對你冷漠的嚇人，有時甚至你跟他說話，他也不理不睬。但你不知道什麼時候得罪了對方，想了很長時間也理不出頭緒。

這時你如果按捺不住，想問對方自己有什麼不對的地方，對方可能會冷冷的回答：「沒什

麼事。」到了這個地步，又如何是好呢？

既然他說沒有事，你就可乘機說：「真高興你親口告訴我沒事，因為我萬一有不對的地方，我樂意改正。我很珍惜我們倆的合作關係。一起去喝杯酒，如何？」

這樣，就可以讓他面對現實和表態。要是一切如他所言的沒事，那你們就會和好如初了。盡量加強與他交心的機會，友善的對待，對方是怎麼樣也不會拒絕的。

如果你做錯了事，且影響到別人，要及時道歉。勇於認錯的人並不多，設身處地去感受他人的心態，再給予支援，沒有人會不喜歡你的。

在工作中，你和某同事大吵大鬧起來，這對你的形象和信心會有無形的壞影響，出現這樣的情況，你就要注意及時補救，以便修補你們之間的裂痕。

你與同事在某件事上持不同意見，又互不相讓，以致言語上有衝突，你希望扭轉情況，並願意向對方道歉。可是，同事似乎處於極度失望和懊惱當中，使你歉疚更深。

其實，最佳和最有效的策略是，向他簡單的道歉：「對不起，我實在有點過分，我保證不會有下次了。」

美國一家企業的副總裁威廉斯也說：

「一個人成功與否有一半繫於其是否有好的人際關係，繫於其是否能在公司內外，建立起更高層次的共識。」

要建立良好的人際關係需注意以下幾點：

① 讓別人支持你

培養人緣，平易近人，以贏得他人的支持，有助於你邁向成功之路。

② 先伸出友誼之手

最先表示對他的友好，給他留下好印象。

③ 接受別人與你不同的意見

記住，世上沒有完美的人，別人有權與你持不同的意見。

④ 關注別人好的一面

看別人值得喜歡、羨慕的一面，不要讓別人影響你對第三者的看法。想對方好的一面，自會得到肯定的回報。

⑤ 彬彬有禮

彬彬有禮讓別人感到舒服，也令你感到舒服。

⑥ 以成功者的心態交際

說話要慷慨，學做成功的人，鼓勵其他人開口，讓別人發表他的意見、觀點。

⑦ 事情不成不要埋怨別人

記住：你對失敗的態度決定你東山再起時間的長短。

第五種人　處世靈活的人

成功的第一要素是懂得如何處世。交往的最高境界是掌握好分寸，比如表示友好，大可不必熱情過度，表示對對方的尊重，也以點到為止為宜，用不著仰附於彼，自我貶低。

——富蘭克林

1. 說話有尺度

一個現代公司的職場人士必須知道自己的身份與職責，對什麼人應該說什麼話，對什麼人不該說什麼話，在什麼時候該說，在什麼時候不該說。

第一，說話要區分對象

同一句話針對不同的人說出來，會有不同的效果，在公司要先看清楚對象再說話，方能促進人際關係的發展，方能促使工作高效率地完成。

①搶先說話的人

無論你與別人說什麼，他總是插話，而且沒完沒了，毫無主題，那麼你可以明顯的阻止：「對不起！我也想聽聽別人的意見。」

②喜歡發表議論的人

對這種人要滿足他的發表欲，採取質疑的態度引發他高談闊論。然後，針對他偏激或遺漏的地方，有理有據，認真的跟他進行一番辯論。

③自以為是的人

他不僅僅是發表高談闊論，他還強烈的炫耀自己的高明，你最好冷靜的聽他說話，從中吸取一些有用的經驗。對這種人，不要打擊他的「熱情」，你的耳朵比嘴巴更有說服力。

第五種人　處世靈活的人

1. 說話有尺度

④ 固執己見的人

這種人堅持自己的意見和主張，不會輕易聽取別人的建議，你想反駁他，必須有具體可靠的資料，同時聯合其他與你意見相同的人，共同對他發起進攻，這樣方能奏效。

⑤ 靦腆害羞的人

面對性格內向、不善與人交際的人，你能誘導他說話才是你的成功。你可以從談你身邊的事情開始，慢慢轉換到談他內心的觀點、看法和經驗。所謂「拋磚引玉」，便是你應該追求的境界。

⑥ 孤僻的人

不合群、自閉是這種人的特徵。你的談話能深入他的內心，觸動他的興趣，他可能願意談談自己最喜歡或最得意的事情。然後，你才有可能引導他提出自己的看法。

⑦ 追根究柢的人

打破砂鍋問到底是這種人的特性，不管你願不願意、耐不耐煩，他會追根究柢，不停的發問，有時甚至偏離了主題。對這種人，你必須在話題告一段落時，趕快打住他，讓他儘快把真實的想法或最後的結論說出來。

⑧ 攻擊性強的人

這種人就像是公司裡的鬥雞，只要不合他的心意，他便可能引經據典，反駁你到體無完慮，全然不顧及旁人的感受，更不考慮有無價值。面對這種人，你最好迴避，尤其在牽扯到利害關係的時候。所謂「話不投機半句多」。實在需要打交道，你也要找人陪同，避免和他一對一的交鋒。

⑨冥頑不靈的人

從某種程度上講，這種人極不善變通，他的適應能力和接受能力較差，一旦他有先入為主的觀點，你的看法便很難被他理解。你與他交談，你要有十足的耐心，你要做好化解他的執著的心理準備。很多時候，你要引用大多數人的意見，列出事實講道理，慢慢的說服他。

第二，勸說要婉轉

公司裡，有些人的表現不理想，自己不自覺，你的直言規勸對他沒有任何作用。不說又不可能，同一個部門，不能因為他而扯後腿，那麼，試試以下的辦法吧！

①明話暗說

喜歡「東翻西找」的同事又想從你抽屜裡「竊取」資料，你不妨提醒他：「小心，別把資料夾弄亂了，到時我不好找我需要的資料。」把他的「故意為之」說成「無意」，把已發生的事說成預防發生的事，能大幅保全他的顏面，發揮絕好的規勸效果。

②旁敲側擊

在你所在的部門裡，劉是那幾個搗蛋分子的頭目，他總是帶領那幾個人在你開會時跟你唱反調。你若私下跟他交涉，要他注意自己的前途，他很可能不聽，因為那正好顯示他的立場堅定，他可以更有「權力」指揮別人。你可以以他的追隨者為目標：「你做什麼我不追究，可是他們不同，他們是有將來的，你不能毀了他們現在的工作。趁現在還早，你還是叫他們懸崖勒馬吧！」這樣，他或許可以因為你的「寬大」和「信任」而乖乖聽話。

③「指桑罵槐」

某部門工作效率極差，工作成績不突出，經理經過調查，發現問題出在主管身上。主管是個樂天派，不拘小節，實際上也不負責任。經理找他談話：「這樣不行，你是部門主管！還是努力振作吧！」主管回答：「是。」但他並沒有設法改善工作狀況。時隔兩個月，經理再次找他：「經過觀察，我發現你本身是很好的，只是你的部門成員早上來得太晚，工作效率無法提高，你是不是帶頭提高士氣？」那主管至此改變作風，很快與其他部門並駕齊驅。

經理針對對方「不負責任」的個性，讓主管不得不面對，自己去發現自己的缺點，從而迫使主管改正。

第三，說好場面話

生活中，隨時可聽到「無關痛癢」的說話，交際場合，隨處可見有人口若懸河，在公司裡面，更有不少人伶牙俐齒，可是，有的人讓人敬而遠之，有的人卻讓人想與之接近。這就是場面話說得好與不好的問題。

①　透過反問滿足對方的優越感

你能恰到好處的表示出自己「不知道」，便可激發對方的表現欲，滿足對方的優越感，「是嗎？我怎麼不知道呢？」當你這樣說話時，對方會很得意的把他所知全部告訴你，同時補充他自己的看法。

②　從社會上的熱門話題中尋找

交談時的時令、氣候、環境以及時事、新聞，是人們比較了解的客觀情況，由此引出話題自然貼切，還可以從中發現對方的一些獨特見解，引起對方的交談興趣。

③　用疑問表示關切與問候

根據對方的情況和客觀環境特點進行噓寒問暖，表示關切與問候。如「近來身體好嗎？」、「年底工作忙吧？」、「孩子們聽話嗎？」、「生意怎麼樣？」這些問話需要先有某種程度的了解，並帶有一定的針對性。

④　用肯定的語氣表示誇讚

根據對方的所見所聞，針對對方的某些長處和成績予以誠心誠意的誇讚，以滿足對方作為普通人所共有的期望得到肯定與承認的心理需求，引發「認同感」。比如：「老張，你研發的那種新技術，應該得到發明獎。它不僅能縮短工時，還能提高產品品質，非常不錯。」肯定式的陳述比感嘆更客觀、更具體，容易深得人心。

⑤ 關注對方的職業和發展動向

這是最易觸動對方那根敏感神經的話題。人人都關心自己的前途，對自己的未來有無數的想像，你能與他談得來，你便是他的「盟友」。

⑥ 使用恰當的語氣說話

對同一個人說同樣一句話，語氣不同，所表達的思想不同，表現出的感情色彩便不相同。為創造和諧的交談氣氛而說場面話，語氣顯得尤為重要。

⑦ 從性格、愛好入手

人們的性格、愛好、煩惱、隱私等與感情的喜怒哀樂有著緊密的聯繫，從這方面入手尋找寒暄的話題，常常可以步入對方的心靈，引起對方感情上的共鳴。

第四，需要保持沉默的話題

在公司裡談話，你說他聽，他說你聽，相互交流，相互溝通，不應該是唱獨角戲。這不是說，你要回答所有人的所有說話。懂得在什麼時候沉默，知道應該對哪些話題緘口不言，是一門藝術。

① 摒棄不言自明的話

或許你真的有所感慨：「現在的時代不同了。」那你也不要在公司裡抒發。這不是說你的話難懂，相反的，這是每個人都知道的事實，這樣的問題在別人眼中是愚蠢的，對方無法回答。

②　不要對無傷大雅的玩笑反應過度

主管在早上上班遲到了。他開玩笑說這是因為昨天他家跑進了一隻大蟑螂，大到可以拖動他的拖鞋。像這樣無傷大雅的玩笑話，你聽過就算了，不要去計較，更別去反駁，糊裡糊塗，不發表意見，這是一種智慧的表現。

③　避免問不著邊際的問題

也許你已發現，類似「應該如何改善貧窮」或「今天的年輕人到底是怎麼回事」的問題往往讓人不知道從何談起；相反的，縮小範圍，提一些明確具體的問題，或許別人很樂於回答。所以，如果你滿腦子的「國際大問題」、「生態大環境」，那麼你先不要說話。

第五，把握反駁的藝術

在公司裡與同事交談，你經常會遇到這種情況：明知對方的話不對，卻不知如何反駁；即使反駁了，也不得要領。

在實際生活中，有直接反駁和間接反駁兩種基本方法，但直接反駁和間接反駁的使用是不能斷然分開的，而且兩者都需要掌握技巧。

①　幽默以對

如果有人朝你厲聲訓斥：「你這樣子，早晚要倒楣。」你可以報之一笑：「哦，是早還是晚？」棘手的問題以幽默詼諧的方式回答，往往會「化險為夷」，改變窘態，使尷尬局面消失在談笑之中。

無論怎樣，公司裡的人都是「一家人」，你是用「軟」辦法含蓄反駁，還是以「硬」辦法頂回去，都要有禮有節，不出口傷人。

② 含蓄對答

不得體的言詞可能會傷害你或使你覺得為難，你裝聾作啞、拐彎抹角，或者順水推舟、答非所問，都是一些得體的方法。

比如同事開玩笑似的問你：「你這麼漂亮的女孩怎麼還沒結婚？」你可以實問虛答：「我不知道，我想你得另外找個像我這麼漂亮的女孩問問。」或者「因為我挑得比你仔細。」甚至：「像你這麼優秀的人都結婚了，我去哪裡找！」語中帶點銳氣，對方會知難而退。

③ 「以眼還眼，以牙還牙」

如果對方有意挑釁，你就以其人之道還治其人之身。學習英國首相威爾遜在競選時的反駁，你能讓對方啞口無言。那一次，他剛說到一半，有人故意搗亂：「狗屎！垃圾！」他便報以容忍的一笑，安撫的說：「這位先生，我馬上就要談到你提出的髒亂問題了。」

第六，逐步表達與上司不同的意見

上司不是萬能的神，對於有些問題，上司非常需要你和同事給予他不同的意見。令上司頭疼的問題不是你們提出的意見，而是你們提出意見的方式，將「堅持真理」和「保留上司面子」

視為對立，是缺乏說話技巧的表現。

你要學會如何有效的把不同的意見表達出來。無論如何，上司的意見有他合理的一面，他是站在公司的利益，從更高角度出發。

① 肯定上司意見中你認可之處

站在上司的立場思考，你會發覺上司的談話中有諸多可以肯定的地方，你首先要讚揚他的高明：「您說得對，在這個方面，我們的確應該給予充分的重視，這是解決問題的前提之一……」上司的意見被你加以肯定，就猶如上司本人受到你的讚揚，你之後提的意見才容易被他接納。

② 對你的觀點加以論證

用褒揚上司的話打開進入上司大腦意見庫的大門，你可以提出具體的意見，但要把重點放在論證過程中。你可以透過說明、舉例指出不這樣做的後果，讓上司意識到你的意見有極強的可行性。

「除此之外，我認為，我們還應當……」你可以這樣引出自己的觀點，強調你提出意見的出發點。

「我想，如果真能這麼做的話，就能輕易排除這個問題，公司也能快速發展。」

在結束發言時，千萬別忘了強調你提出相反意見的出發點，別忘了讓上司意識到你一切意見的最終目的——為了公司的前途，為了大家的前途。

堅持自己的意見，但不堅持高姿態的發言方式，你的上司會明白你的苦心，你的上司會欣賞你逐步進攻的語言方式。

第七，說好飽含真誠的謊言

在公司裡，你要拒絕別人的請求「我不想跟你去」，會傷害同事的自尊心，你撒謊「我另外有點事」，唉，你學會說話了。難怪有人說：「好口才的人就是說謊專家。」

①　要善於圓謊

企劃部的老顧拜託小王為他修改一篇論文，老顧把文章拷貝後交給了小王。兩天後，老顧問小王改好了沒有。小王愣了，他完全忘了這事，如果直說，顯然會傷害到老顧，他答道：「實在對不起，我正為這事煩惱著！我已經改好了，可電腦中了病毒，檔案全部不見了，給我一天時間，我再做一份。」小王回去後趕緊修改，圓了這個謊言。

②　把謊言變成真誠

謊言並不可怕，可怕的是說謊的人。如果說謊者完全是出自利己的目的，他會利用謊言傷害別人；相反，如果是出自真誠，謊言便散發出它的光輝，說謊者與被「騙」者都感到開心。例如，你正忙著辦公，朋友的電話來了：「喂，在忙什麼？」你想掛斷電話，可以說：「真巧，我出門忘了拿資料，回來拿，剛好接到你的電話。」「噢，你有事啊？」「對，不過沒關係，我們好久沒聊了。」「唉，算了，你還是趕快去辦事吧！」朋友會覺得打攪了你，你們的友誼不會受到絲毫損害。

第八，學會拒絕的技巧

拒絕他人的要求並不是強硬的一口回絕或乾脆不理別人，這是需要一定技巧的。你應該怎樣婉轉的拒絕別人不合理的請求呢？

①在傾聽之後說「不」

別人向你提出要求時，很可能是在迫不得已的情況下請你幫忙，其心情可能多半既無奈又感到不好意思，還會擔心你會不會拒絕。因此，你在拒絕之前，要從頭到尾認真聽完對方的請求，也只有對方把處境與需要講清楚，你才知道如何幫他。然後你再表示「你的情形我了解」或「非常抱歉」。

②婉轉而堅定的說「不」

你的意思如果是說「不」，就應該清楚坦白說出來。你可以盡量使你的拒絕溫和而婉轉，但同時也要堅決而無通融的餘地，讓他明白你的個性是極其堅決、果斷、毫不遊移的。溫和而婉轉的拒絕更容易讓人接受，而堅定的態度則是讓他打消幻想。

③多一些同情，多一些關懷

有時候拒絕是一個漫長的過程，對方會不定時提出同樣的要求。若能化被動為主動的關懷對方，就能讓對方了解自己的苦衷與立場，可以減少拒絕的尷尬和影響。

總之，在別人向你提出不合理的要求或請求時，你要學會拒絕，該說不時就說不。但要注意盡量減少拒絕產生的負面效應，加強溝通，更要秉持理直氣「和」的原則，做到既不傷人自尊，又能婉轉而溫和地拒絕。只要你真心地說「不」，對方一定會體諒你的苦衷。

2. 交往有分寸

人與人之間的關係，就像一群豪豬，由於寒冷，彼此拼命聚集，以保持溫暖，同時，它們必須保持一定的距離，因為湊得太近，它們身上的刺便會造成彼此的傷害。

第一，多給別人留餘地

留餘地，其實包含兩方面的意思，給別人留餘地，無論在什麼情況下，也不要把別人推向絕路，萬不可逼入絕境，迫使對方做出極端的反抗，這樣一來，事情的結果對彼此都沒有好處。另一方面，給別人留餘地的同時，自己也就有了餘地，讓自己有進有退，以便日後更能靈活的處理工作事務，解決複雜多變的問題。

日本松下幸之助以其管理方法先進，被商界奉為神明。他就善於給別人留有餘地。

後騰清一原是三洋公司的副董事長，慕名而來，投奔到松下的公司擔任廠長。他本想大有作為，不料，由於他的失誤，一場大火把工廠燒成一片廢墟，給公司造成了巨大的損失。後騰清一十分惶恐，認為這樣一來不僅廠長的職位保不住，還很可能被追究刑事責任，這輩子就完了。他知道松下是不會姑息部下的過錯的，有時為了一點小事也會發火。但這一次讓後騰清一感到欣慰的是松下連問也沒問，只在他報告後批示了四個字：「好好幹吧。」

松下的做法深深的打動了後騰清一的心，由於這次火災發生後沒有受到懲罰，他心懷愧疚，對松下更加忠心效命，並以加倍的工作來回報松下，他為公司創造的價值遠遠大於那個工廠。

松下給下屬留了餘地，也給自己留下了更快發展的道路。給別人留餘地，本質上就是給自己留餘地。斬斷別人的路徑，自己的路徑亦危，敲碎別人的飯碗，自己的飯碗也脆。

亨利．福特就曾犯下過這樣的錯誤。

李．艾科卡剛進福特公司時只是一名低階的推銷員，後來他推出新的推銷方案「五六計畫」，使他負責的地區從全公司銷售最差一躍成為各區之首，一下子轟動了福特公司總部，他的職位也得到了晉升。不久，他主持設計的「野馬」車又為福特公司創造了數十億美元的利潤。後來，他開始出任公司的轎車和卡車系統的副總經理，經過十多年的奮鬥，憑著天才的推銷能力和傑出的研發組織能力，艾科卡步步高升，成為福特汽車王國的高階管理人員。

俗話說：「功高震主」，艾科卡的巨大成功招致了公司獨裁者福特的嫉妒，使他越來越厭惡艾科卡。福特對艾科卡日益增長的威望深感不安，他不願看到自己的王國裡有一個功高震主的人與自己分庭抗禮，他更害怕福特公司會被艾科卡奪走。於是，他毫不留情的解雇了艾科卡。

艾科卡在福特公司任職三十二年，當了八年經理，卻被突然解雇，從巔峰墜入低谷，這對艾科卡打擊非常大。但他不是個隨便退縮的人，既然福特與他化友為敵，他就要把這個對手的角色扮演下去。

艾科卡轉而投奔克萊斯勒公司，經過一番努力，他領導的克萊斯勒公司在極短的時間內就搶佔了福特的大部分市場，並很快躍升到福特公司前面。這個時候，福特開始後悔當初的做法。

不給別人留餘地，就等於伸手打別人耳光的同時，也在打自己的耳光。職場就是這樣，不讓別人為難，不與自己為難；讓別人活得輕鬆，自己也活得自在，這就是留餘地的妙處。

工作中有很多事情你無法預料到它的發展態勢，有的也不了解事情的背景，切不可輕易下斷言，不留餘地，使自己一點轉圜空間都沒有。

第二，善解上司之意

一個善解人意的人，在任何情況下都是受歡迎的人，無論他到哪一家公司工作，他都會是受歡迎的員工。

在職場中，誰都無法避免受到上司的批評，很多人表面上雖接受，但心底卻在為自己辯解。他們不懂得「善解人意」，不知道上司那麼做一定有他的原因。所以，在實際的工作過程中，他們會心不甘情不願的依照上司的命令辦，並說：「是上司讓我這麼辦的，對了錯了都與我無關。」甚至有些人還會「消極抵抗」，工作敷衍。

如果你也抱著這樣的想法，對上司指出的錯誤耿耿於懷，甚至為報復他而對工作敷衍了事，那麼就別指望會獲得升遷與加薪的機會了。

在公司裡，善於理解上司的想法，正確對待上司的批評指正，接受意見並認真完成工作是很重要的。因為只有這樣你才更容易得到上司的認同和好感，進而受到重用，獲得加薪升職的機會。

可是怎麼才能做到這一點呢？

首先，站在上司的角度上思考問題，你更容易接受上司的批評，而且經常這樣換位思考，還可以提高你的能力。

一般人只會陷在自己的立場與上司的批評中——怎麼也想不通上司的意見有什麼道理。其實，只有站在上司的角度看問題，你才會更容易認清自己的錯誤，接受上司的意見，而不至於犯消極抵抗的錯誤。

上司思考問題的方式與一般員工不同，上司是以公司利益為出發點，從整體觀點統籌考慮問題，以大局為重；而一般員工則可能會以自己的角度想當然爾的做決定，往往犧牲大局而保住個人。

例如，有兩個員工發生爭執，上司知道兩個人都是有才幹的，只是稍微有點自我主義，上司決不會因此而辭退他們，更不願因此而影響工作上的默契。所以，他會讓兩個人分開，在不同的部門發揮他們的才能。而如果換成一般人作決定，則可能會從嚴明紀律出發，辭退其中一人。

嘗試上司的思考方式，可以讓你的目光遠大，更注意整體和大局，而不是目光狹隘的作決策。

其次，要聽言外之意，話外之音。只要上司一個眼神或一個暗示，就能正確理解其中的深義。

領會上司的想法，讀懂上司對於一個部屬來說尤為重要。上司比較喜歡「機靈、悟性好、一點就通」的部屬，有重要的工作也會交給他們去做，所以他們也就容易獲得被重用的機會。如果上司總抱怨你「不聰明，反覆交代多少遍都不明白」，那你還會得到上司重用嗎？

想讓自己變得「機靈」點，能夠把握上司的想法和言外之意，你就得增進對上司的接觸和了解，善於察言觀色，多思考、多揣摩。

怎樣才能做到善於了解上司的想法呢？

①　調整心態，鼓足勇氣

要想增進你與上司的了解，你就需要足夠的勇氣。與上司交談時要避免膽怯畏懼，因為怕出錯誤而束手束腳、言談舉止不自然等狀況，否則，這樣的交流效果很差，甚至還會讓上司留下負面印象。

②　努力創造與上司接觸的機會

比如，電梯間、走廊、員工餐廳等遇見主管，走過去向他問聲好，或者和他談幾句工作上的事。總之，不要像其他同事那樣假裝沒看見，埋頭做自己的事。

如果你在公司以外的場合如廣場、電影院、音樂會等公共場所，遇見了你的上司，千萬不要故意避開，相反的應主動迎上去，向他問候，這能表明你與上司興趣相投，並能夠很容易地獲得他的好感。

③ 經常揣摩上司的心思

多注意上司處理事情的思路，並試著推測一下，你就能慢慢領會上司的想法了。不要只從字面上理解上司的話，而應探究其深層含義。比如上司說：「天氣真熱」，他可能不只是想告訴你天氣狀況，也許是請你「打開冷氣」的意思。只有平時多注意觀察揣摩，在關鍵時刻你才能正確會意上司的暗示，與上司默契合作。

所以，做一個有心人，對你的上司察言觀色，並領會他的話外之音，你就可以輕鬆獲得上司的肯定和重用，到那時加薪和升遷離你還會很遙遠嗎？

總之，善解人意是任何一個職場人士不可或缺的法寶，它可以讓上司注意你、喜歡你、重用你、提拔你。

第三，和同事保持適當距離

在公司裡，你與某人過度的親密，便意味著你與其他人的疏遠，這很容易讓你失去良好的人緣。

(1) 親此疏彼必失人心

婉剛到一家公司，對周圍環境極不熟悉，還好有吉的介紹，她很快清楚了公司狀況。從此，她保持著對吉的感激，對吉格外關心。泡茶、倒水，特別周到，在同事眼中，似乎她是為著吉而來的，大家都不去「招惹」她。而吉呢，有「苦」難言，擔心犯「眾怒」之下，對她很是冷淡。你過於「傾向」某人，只會讓別人迴避你，因為誰都不願做「第三者」。尤其是女性之間，你與某人越近，別的人便與你越遠。

(2) 一視同仁是上策

大家同為一份事業工作，沒有理由遭遇「不平」，如果你要依個人的好惡來親近或疏遠某些人，那麼你別想在辦公室締結好人緣。

① 對待知心同事如一般同事

即使你與某一同事成了知心朋友，也不要在辦公室交頭接耳或者互相傳紙條，因為這份小動作除了顯示你們的親密，還會讓人懷疑。

② 要麼「幫全體」，要麼「幫自己」

既然是「幫人」，那就幫到底，熱心應該是大家的「利益」，而非某一個人的「需要」。否則，你就獨善其身。

③ 與同事們「步調一致」

和多數一起下班，不要專等某一個人。

(3) 保持最佳距離

公司裡的人際關係也是很微妙的，大家既要互相合作，又要保持各自相對的獨立，你只有把握好這種距離，才能好好的維繫同事關係。

大哲學家沙特曾對人類相處的情況作過一個絕妙的比喻，他認為，人與人之間的關係，就像一群豪豬，由於寒冷，彼此拼命聚集，以保持溫暖，同時，它們必須保持一定的距離，因為湊得太近，它們身上的刺便會造成彼此的傷害。

人類學家愛德華．霍爾研究出來的四種空間距離可供你參考。

第一種為「親密距離」，即有身體上的接觸，一般在零到四十五公分之間。

第二種為「私人距離」，一般在四十六公分到一點二公尺之間。

第三種為「禮貌距離」，通常用於處理非個人的事務，約在一點二公尺到三公尺之間。

最後是「一般距離」，以感覺而定，一般在三公尺以上。

和同事之間，你保持一個什麼樣的生理距離，可以達到親密而又有空間的心理效應，這無法一概而論，同性和異性，上司和下屬，均有所不同。但有一點，不能因為太近造成心理恐懼，也不能因為太遠讓自己脫離眾人的視線。

生理的距離還只是一個形式，關鍵還在於心理上的適當調適。沒有親密到不分你我的時候，心中的話不可以全部說出來。否則，你可能擔心「隱私」外露，你也可能不堪「重」託。結果，本來明朗純淨的關係蒙上陰影和塵埃。

君子之交淡如水，要和同事保持長久而良好的關係，不要過多牽扯到物質面，請客和收受都慎重為妙。

第四，把握開玩笑的尺度

如果你善於在適當的時候開開玩笑，不僅能使大家的心情鬆弛，而且能讓那些因為笑聲而開放的心朝向你。但適度的玩笑才能發揮它在人際交往中的積極作用，當你開玩笑的時候，一定要有所選擇。對照如下幾個方面，看看自己是否適合開玩笑。

①　對象

有的人活潑開朗，本身就喜歡說笑，別人開小有傷害的玩笑他也不會計較；有的人不善言詞，甚至沉默寡言，平時就不習慣於玩鬧；還有的人喜歡開玩笑，但開不起玩笑，只能他拿別人開玩笑，別人不能拿他開玩笑，否則當場就翻臉。這三種人，你最好與第一種人開玩笑，而讓後兩種人當「群眾」，因為第二種人容易把你的玩笑視為冒犯，第三種人容易造成緊張氣氛，讓本來輕鬆的環境彌漫硝煙。

同時，開玩笑的對象還要看他與你的關係的親密程度，看他是新同事還是老同事。一般說來，與你不太親密或新來的同事不要開玩笑，因為大家彼此不熟悉，了解不夠，你的玩笑可能失去效果，帶來不必要的負面影響。

②　時機

人逢喜事精神爽，人在高興的時候心胸開闊、豁達，較易接受玩笑。反之，人在遇到不幸或憂傷時，你開玩笑容易讓人誤解為幸災樂禍或別有用心，讓人難以接受。

③　場合

莊重嚴肅的會議室，悲傷苦痛的悼念會，不能隨便開玩笑。工作活動之餘，相對自由的時間，可以開開玩笑，調節氣氛，融洽關係。

當然，對於開玩笑的禁忌也要必知一、二。

①　不拿同事缺陷「開刀」

自以為關係密切而隨意取笑他人的缺點，你很可能會喪失一個朋友，甚至殃及其他。對方不會因為你是無意的玩笑而減少自尊受到傷害，你不當的玩笑在他眼裡很可能是冷嘲熱諷，他很可能懷恨在心，甚至找其他人「攻擊」你的「優越」，和睦的同事關係遭受破壞，更談不上心靈的接近。

②　不要說低級庸俗的話

比如：男女關係是一個十分敏感的話題，一些黃色笑話再怎麼好笑也不宜在辦公室裡說。如果你不慎開出這樣的玩笑，同事們對你的印象會大打折扣。

3. 辦事講策略

其實，做事的本質就是做人。一個真正會辦事的人，必然可以做到：能夠幫助別人就不推託；沒有把握的事就留有餘地；不得已拒絕別人時不得罪人家。

第一，沒有目標，你將一事無成

得過且過、應付工作的人，沒有明確的行動方向，所以無法實現自我超越，更不會有工作上的進展和突破，也就不會獲得成功。

有一位哲學家到一個建築工地分別問三個正在砌磚的工人說：「你們在做什麼？」

第一個工人頭也不抬的說：「我在砌磚。」

第二個工人抬了抬頭說：「我在砌一面牆。」

第三個工人熱情洋溢，滿懷憧憬的說：「我在蓋一座美麗的劇院！」

聽完回答，哲學家馬上就判斷出來這三個人的未來：第一個人心中、眼中只有磚，可以肯定，他一輩子能把磚砌好，就很不錯了；第二個眼中有牆，心中有牆，好好做或學能當一位優秀的工匠或技師；唯有第三位，必定大有前途，因為他有目標，他的心中有一座殿堂。

果不其然，後來前兩個工人砌了一生的磚，而第三個卻成了一名頗具實力的建築師，承建了許多美麗的劇院。

人只有先立目標，才能勇往直前。沒有目標的人，一如水上的浮萍，東飄西蕩，不知何去何從，自然一無所獲。

當你為自己訂定一個遠大的目標之後，你便會感到你心底的巨大的潛能，而正是這個潛能可以改變你的一生。

設定目標對你事業方面的作用，一開始可能不是太大。就像航行在大海裡的輪船，雖然航向只偏了一點點，一時很難注意，可是在幾個小時或幾天之後，便可能發現船會抵達完全不同的目的地。而你堅持了自己的目標，船就會按你的方向航行。

皮爾原來只是美國一家軟體公司的普通員工。在他大學剛畢業走進公司的第一天起，他就為自己定下了一個目標：用兩年時間當上部門經理。從那天起，「部門經理」就像一面旗幟，他沒有一天不按部門經理的身份要求自己。目標真是一個奇妙的東西，它使皮爾每天都充滿工作的熱情，雖然這樣工作起來有些累，但勞累過後，看著自己的工作業績，他便能體會到生活的幸福。

到公司不到一年，他就被提拔到了主管的職位，他更加努力工作了，為此他犧牲了許多娛樂和休閒時間。有了目標，他不覺得工作是累的，而是一種享受。事業像一列巨大的火車，他就在車上跟著時代的步伐向前跑，不達目標，誓不甘休。他的工作能力和工作業績得到了公司總裁的肯定，在當上主管不到半年的時間，他就被升職為部門經理，成為了公司裡升遷最快的又最年輕的經理。

皮爾為什麼能從普通員工，迅速升至主管，不久後又升任部門經理？這就是他有目標、隨時鞭策自己的緣故，這也是目標在一個人身上發揮神奇效能的有力證明。

第二，建立主要客戶的個人檔案

為你的客戶建立一個小檔案，把那些主要客戶的生日、興趣愛好等內容都蒐集進去，這樣，你會加深對客戶的了解。再與他談業務時，可以找出他關心的話題，跟他談最喜愛的事物。當你這樣做時，不但會受到他們的歡迎，而且也會使你的業務得以擴展。

杜維諾麵包公司是紐約一家最高級的麵包公司。杜維諾先生一直試著要把麵包賣給紐約的某家飯店，一連四年來，他每天都打電話給這家飯店的老闆，他也去參加那個老闆的社交聚會，為了爭取到這個客戶，與飯店老闆談成這筆生意，他還在該飯店訂了個房間，以便找機會與老闆談談。但是，經過這麼長時間的努力，他都失敗了。

杜維諾開始反省自己，他決定改變策略，為那個客戶建立了小檔案，收集那個老闆的個人資料。他決定要找出那個人最感興趣、最熱衷的是什麼。

後來，他發現了一條極有價值的線索，那個老闆是一個叫做「美國旅館招待者」組織的成員。他不僅是一個會員，由於他的熱忱，還被選為主席以及「國際招待者」的主席。不論會議在什麼地方舉辦，他一定會出席，即使他必須跋涉千山萬水也決不錯過。

了解了這麼多，杜維諾再見到那個飯店老闆的時候，就開始談論他的組織。他得到的反應真令人吃驚，那個老闆跟他聊了半個多小時，都是有關他的組織的，語調充滿熱情，並且一直在笑著。可以輕易看出，那個組織是他的興趣所在，是他的生命火焰。在杜維諾離開他的辦公室之前，他還把他組織的一張會員證給了杜維諾。

在交談的整個過程中，杜維諾一點都沒有提到賣麵包的事，但是幾天之後，那家飯店的主廚打電話給他，要他把麵包樣品和價目表送過去。

「我不知道你對老闆做了什麼」那位主廚見到杜維諾的時候說，「但你真的把他說動了！」事後，杜維諾說：「想想看吧！我纏了那個老闆四年，就是想得到這個客戶。如果我不建立他的個人小檔案，不用心找出他的興趣所在，了解他喜歡談的是什麼，那我至今仍然只能去纏著他，業務也不可能談成。」這就是蒐集客戶資料的好處。

你可以把所有與你往來的客戶資料都整理出來，並做成記錄，對他們的具體事項也要有詳細的記錄。他們的住所、工作有變動時要修正資料，以免關鍵時刻找不到人。

你可以記下客戶的生日，如果不嫌麻煩可以在他們生日那天寫一張賀卡，或送上一份祝福，保證會使你們的關係突飛猛進。這些關係若能妥善維持，就算他們一時幫不上你的忙，也會介紹其他客戶來助你一臂之力。

建立客戶檔案時你要記住以下幾點：

- 每個客戶對你都有用處；
- 每個客戶都不能丟棄；
- 每個客戶都要保持一定的聯繫。

第三，管理你的時間

假如你想在工作中脫穎而出，就必須認清時間的價值，認真計畫，準時做每一件事。這是每一個人只要肯做就能做到的，也是一個職場人士走向成功的必經之路。如果你連時間都管理不好，那麼，你也就不要奢望自己能做好其他的任何事，更不要奢望能在公司裡升職加薪。

一個會管理時間的人，會一心一意的做自己的份內工作，杜絕一切不必要的時間浪費。

你可以從以下幾個方面杜絕時間浪費：

①　根除自己的拖延習慣

其實對付拖延的方法很多。譬如為了準時赴約，撥快你的手錶；制定完成的期限，讓不緊急的事變得緊急；建立回饋制度，告訴自己儘快的完成工作，就給自己獎勵；先做困難的，再做容易的，就會感到先苦後甘，漸入佳境；或是安排一個人，定期監督自己的工作進度，以防止拖延。

②　排除一切外界的干擾

拒絕無聊的聚會，有所不為才能有所為，你要取消一切不必要的聚會。頻繁的宴請，大量的聚會，不僅增加你的經濟負擔，也耽誤你不少時間。可以說，你參加這些聚會所花費的時間和你所獲得的資訊總是不對等的。

③ 養好良好的工作習慣，人為的「創造」時間想好以後再打電話。如果設計的專案很多，可以寫下來，依次解決。為了避免在電話裡浪費時間，按照記錄次序進行，這樣可以最大限度的減少麻煩，節省時間。

④ 定期整理資料夾和辦公抽屜，丟掉或賣掉多餘的東西，以避免雜亂。

⑤ 有不明白的事，請教知道的人。

⑥ 挑非巔峰的時間購物、吃飯或去銀行。

⑦ 儲存一些不會壞的日用品，節省購物時間。

⑧ 找出處理每一件事情的最佳方式。打電話、寄信、還是親自拜訪，選擇最有效率的一種。

另外，你還要掌握以下時間管理法：

第一步：分清輕重緩急，設定優先順序。

職場成功人士都是以分清主次的辦法來規劃時間，把時間用在最有「生產力」的地方。你可以列出你要完成的工作任務清單，在每個任務後面標上分數，最重要的標為一百分，最不重要的標為零分，然後再看看你在每件事情投入的時間多寡，按照工作任務的輕重緩急來安排時間，給必須做的、最高回報的任務安排足夠的時間。以工作的重要性優先排序，並堅持這個原則，你將會發現，再沒有其他辦法能更有效利用時間了。

第二步：列出你一周內必須要做的事情，並在這些事情後面根據重要性評定分數，把這一張清單和你的總體任務清單比較一下，看一看這一周做的事情與你的總體任務是不是相符。

第三步：把浪費時間的事情找出來，合理調整你的計畫。

第四步：休息、娛樂的時間也要列入計畫。

第五步：列出日計畫。每天清晨或前一天晚上列出那一天要做的事情。這些事情也要評定分數，列出輕重緩急，做到珍惜今天，今日事，今日畢。

第六步：設定完成期限。有期限才有緊迫感，也才能珍惜時間。設定期限，是時間管理的重要標誌。

第七步：遇事馬上做，現在就做，並且要第一次就做好，次次做好。第一次沒做好，同時也浪費了沒做好事情的時間，重作的浪費最不必要。

第八步：停止和獎勵。如果工作讓你很厭煩的話，就停下手頭的工作，安靜的一個人沉思一會兒，等到想繼續工作為止。這也許是五分鐘，也許是一小時。每當你完成工作時，給自己一些獎勵。

這幾步時間管理法很簡單，想要有好效果，就看你怎麼堅持了。

第四，站在有光的地方秀出自己

有個著名的人力資源顧問說：

「想擺對地方，就要調整自己的角度，學會溝通。必須面對光源，才能投射出自己的光輝，怨天尤人是沒有用的，必須靠自己移動位置。……擺對位置，站在有光的地方時，要盡情揮灑自我。」

公司裡有很多才華橫溢的人，不屑做表面文章，他們認為有沒有能力實際做幾件事就知道，沒有必要一直向主管送交報告，待在上司的辦公室不走，向上司「阿諛奉承」，表現自己。

其實，他們不明白，一個人不斷表現自己，完善自己方案的過程，就是讓自己站在光亮的地方秀出自己的過程。這一點非常重要，它能證明，你不但有創意，而且還有韌性，能不斷調整措施，考慮周全的把工作做好。

丹尼爾是美國一家知名保健品公司有名的「智多星」，但卻被安排到後勤做倉庫管理工作。一天，他和同事閒聊，出於「義憤」，他大倒苦水，哀嘆時運不濟。回到公司，他打開電腦給同事看他近兩年為產品銷售精心策劃的市場行銷方案。

同事們看著那些內容，心中暗自佩服，丹尼爾的這些方案都被公司採用了，並且每一種方案都給公司帶來了滾滾財源，同事有些疑惑，就問丹尼爾：「按公司的制度，誰策劃的方案，只要董事會通過就由誰主持，並且可以升職，你做了這麼多，怎麼到倉庫來了？」

丹尼爾神情黯然的說：「壞就壞在我這身傲骨上，凡事不願往上司那裡靠近。你看我這些方案，都是非常好的創意，但我策劃方案，不會把每一個細節都寫上以求完美。我只是大致提出方向，關於細節，要一邊做市場研究，一邊加以完善，因為這一點，上司說我敷衍了事，不是一個合格的企劃人員。結果，公司在公佈確定的市場拓展方案時，沒有一個是我的。」

丹尼爾不平的指責說：「可這些創意全是我的呀，你看這個 sun—300 計畫，我連廣告商都找好了，可還是被凱莉絲搶去了，就是那個喜歡穿露臍裝的金髮女孩。」

「可是公司公開市場策劃的詳盡方案時，沒有你的呀？」同事不解的問。

「別提了，方案在我的電腦裡，只用郵件寄給主管，沒有張貼在公布欄，我覺得那樣太麻煩了，反正我的方案是最好的。」

這個可憐的丹尼爾，雖然有著超人的創意和才華，卻只是潛伏在黑暗的角落裡，不屑亮出自己，卻怨恨無人賞識。他以為，有了好創意，自己就贏了，結果落得個管倉庫的下場，這能怪誰？

一個好創意只能算是埋在地下礦石中的一點金子，如果市場策劃方案只有一個框架，老闆就會猶豫：我花那麼多錢去實施是不是風險很大？而完善方案的過程，就是在礦石中提取金子，亮出自己的過程。老闆自然會關注，精心去鑒賞金子的光亮，做到這一步，你才能發出光來，顯露金子本色，脫穎而出。

4. 行為有節制

自制使一個明智的人能夠有效的控制自身，把握好自身發展的主動權，駕馭自我，能使成功事業的道路變得更加平穩，能避免一些不必要的麻煩，從而使你的成功成為必然。

第一，克制自己才能抓住機會

事業成功很大程度依賴於情緒控制和嚴格自律。這種自制使一個明智的人能夠有效的控制自身，把握好自身發展的主動權，駕馭自我。所以，自制能使事業成功的道路變得更加平穩，避免一些不必要的麻煩，從而使你的成功成為必然。

有一天，在一家商店的手套專櫃前，著名成功學家希爾與這家商店的一名年輕人聊天。這名年輕人告訴希爾，他在這家商店服務已經七年了，但由於這家商店的「短視」，他的服務並未受到店家賞識，因此他目前正在尋找其他工作，準備跳槽。在他們談話間，有位顧客走到他面前，要求看一些帽子。這位年輕店員對顧客的請求置之不理，直到他把話談完了，這才轉身向那名顧客說：「這裡不是帽子專櫃。」那名顧客又問，帽子專櫃在什麼地方，這位年輕人回答說：「你去問那邊的服務中心好了，他會告訴你怎麼找到帽子專櫃。」

七年多來，這位年輕人一直不知道自己擁有很好的機會。他本來可以和他服務過的每個人結成好朋友，而這些人可以使他成為這家店裡最有價值的人，因為這些人都會成為他的老顧客而不斷光顧。但他拒絕或忽視動用自制力，對顧客的詢問不予理睬，或是冷淡的隨便敷衍兩句，就把好機會一個又一個浪費掉了。

的確如此，工作中有許多好的機會，經常藏匿在看來並不重要的瑣事中。一個人只有有了自制力，才能在這些瑣事中抓住成功的機會，展現生命本身的更大價值。

克制自己最重要的一點是形成良好自制的生活習慣。如果你能把自身的壞習慣都趕走的時候，你也就具備了一定的自制能力。此外你還要注意以下幾點：

①　控制自己的時間

你可以制定一個時間計畫表，把工作、休息及娛樂的時間都分配好。

②　控制接觸的對象

你無法選擇共同工作的全部對象，但你可以選擇自己的夥伴，選擇一個成功的楷模，向他們學習自制能力。

③　控制目標

如果你以後定下了長期目標，你就要為這個目標而奮鬥，直到實現它為止。

④　控制憤怒

你將要發怒時，可以做幾下深呼吸，這樣你的身體就會處於一種平衡狀態，情緒會得到一定程度的控制。然後，你理智的分析一下憤怒的後果，進一步尋求解決的辦法。

⑤　控制憂慮

當你為工作憂慮時，你要告訴自己「最重要的不是去看遠方模糊的事，而要做好身邊清楚的事」，讓你自己不停的忙著，沉浸在工作中，集中所有的精力把今天的工作做得盡善盡美，為明天做好充分準備。

⑥ 控制貪欲

你要用理智克制貪欲，按照切實可行的計畫踏實沉穩的工作，只要實現了你的目標，就要知足常樂，千萬不要被貪欲誘惑而一事無成。

⑦ 控制嫉妒

對待自己覺得不公平的事，要努力調整自己的心智，透過冷靜分析自己的實力和優缺點，強迫自己轉移注意，就能保持心理上的平衡，使自己從嫉妒中解脫出來。

第二，遇事多考慮三分鐘

著名的發明家愛迪生在談到自己做事的原則時說：

「有許多我自以為對的事，一經實地試驗之後，往往就會發現錯誤百出，因此，我對於任何大小事情，都不敢過早妄下過於肯定的決定，而是要經過仔細權衡斟酌後才去做。」

職場如戰場，戰局瞬息萬變，要做一個「有把握」的人，就離不開周密的考慮。但是，對於許多人來說，他們已經沒有了這種意識，心中只有速度感——快與更快。似乎在大多數時候，他們急得不得了，只想著趕快完成工作，而不去思考怎麼做。

當你遇到問題一時難以決定該怎麼做時，你就不要盲目行動，應仔細的考慮斟酌一番。你應該做的第一件事，就是多蒐集一些可以幫助你作決定的實際資訊，多參考一些先例，你蒐集的資訊越多，你的決定也會越正確。

英國一家公司的市場部經理亨利，在一次生意賠了一大筆錢之後，若不是經過深思熟慮，幾乎就放棄了自己的事業，差點鑄成大錯。

當他在一次業務中賠錢後，使他多年辛苦經營的所得，幾乎完全付諸東流。當時他十分沮喪、寢食難安。他認為自己在經營管理方面永無希望了，所以打算去做一個普通職員，因為當時還有許多薪水不錯的職位，可以由他選擇。

當天下午，他就打算離開幾年來辛苦工作的公司，把許多做業務用的東西，一一都束之高閣。

就在這時，經常與他有業務來往的一家公司的經理普斯特去拜訪他。他就把自己的煩惱告訴了普斯特。普斯特聽了亨利的話有些不解，但仍平靜的說：「現在是晚餐時間，我請你吃過飯再談這件事吧。」

於是兩人便來到一家俱樂部裡，隨便點些美味可口的菜肴。席間兩人東拉西扯，吃得十分高興。當時，亨利的煩惱也消失得無影無蹤。

用完餐後，普斯特問亨利：「有什麼麻煩需要幫助嗎？」亨利脫口而出：「沒什麼大不了的，那不過是我一時衝動而已。」

回到家後，亨利放鬆的睡了一覺。第二天醒來，他感到神清氣爽，精神振作了不少。這時再想想昨天所做的決定，反而覺得十分好笑。從那天起，他決定繼續在他的工作上努力，不因任何阻力而放棄。後來，他的努力使企業取得了巨大的成功。

當一個人在精神上受到了刺激，情緒低落或身體有種種不適時，千萬不要草率做決定，因為那時你的判斷力已不再準確。你應該調整自己的情緒，在充分考慮的前提下，綜合各方面的實際情況再做決定，否則事後你一定會覺得悔不當初。

為了避免在工作中遇到事情不經考慮就草率行事，你最好先擬定工作計畫，這樣工作起來你就會有條不紊、胸有成竹。一般的工作計畫，需要考慮以下幾點：

①　工作之前做好充分的事前準備

②　需要同時進行的事情，做好先後順序

一般說來，你常常先去做簡單的工作，把困難的，較無趣的放在後面處理。可這一切如果沒有計劃，有時候放在後面處理的事會因為時間不足而做不好。另外，對於比較重要的工作，你要安排足夠的時間，最好先把它完成。

③　估計工作所需時間

要知道現在正在進行的工作需要花多少時間，並且安排今天無法完成的工作進度。良好的計畫，可以消除草率行事的隱患，圓滿完成工作的機率也越高。

第三，適當放鬆自己

日本有一位心理專家笠卷勝利說得好：「工作不是勞動，勞動是Labor，是奴隸的意思，而工作是Work，是有所期待並愉快的做事。」

笠卷指出，當你把自己視為勞動者的時候，就等於完全陷入了被虐待、被榨取的情緒中。

那樣，工作就會讓你厭煩之至。

一般人對工作的態度大致可分為三種：被指派才做事、找事情做，創造事情來做。

第一種人通常是最多的一類人，只想維持現狀，缺乏主動性，而且，因為接受命令才不得不做，就是不自由，變成精神的奴隸，對工作當然不會產生樂趣。

第二種人具有前瞻性，獲得的評價較高。

第三種人對工作懷有熱情，是最優秀的一種。而後面這兩種人，因為是依照自己的意願行事，工作自然會樂趣橫生。

很多人總是忍不住想像，當他們望著窗外的藍天時，心中充滿了嚮往：「如果能暫時拋開工作，出去好好玩樂，就太棒了，這樣我就可以更好的工作了。」而「奴隸」們則發一會呆，腦中一片空白，然後又聽從別人的話，開始機械性的工作了。

安德魯．卡內基曾說過：「如果一個人不能在他的工作中找出點『羅曼蒂克』來，這不能怪罪於工作本身，只能歸咎於做這項工作的人。」

卡內基之所以能夠取得巨大的成功，主要原因就在於他既能享受生活中的快樂，而且還能在工作中找到快樂。如果他不是如此，也許就不能這麼成功。他能在他的事業中感覺到快樂，並不是因為他成功了，因為成功而快樂，而是在他事業剛剛開始時，他便能感覺到有一種樂趣。他樂觀的態度使他擁有了成功的事業。

裡文森是美國一家證券公司的職員，他知道在競爭這麼激烈的職場上，找到這樣一份好工作不容易，所以他每天都感到壓力很大，工作起來謹小慎微，唯恐出一點問題。他幾乎成了全公司最忙碌的人，整天緊鎖眉頭，陰沉著臉，埋頭工作。但因為一次工作失誤，他讓公司損失了一萬六千美元。他精神上受不了這樣的打擊。

「我吃不下，睡不著。」裡文森這樣說，「我開始生起奇怪的病，沒有別的原因，只是因為擔憂我再出現什麼問題，我就完了。有一天，我走在路上，竟然昏倒在路邊。我的身體越來越虛弱，醫生告訴我，以現在的身體狀況，你已經不能工作了。於是我請了兩個月的假。終於不再為工作擔心了，我乾脆放鬆下來，閉目休息。以前連續好幾個星期，我幾乎都沒有辦法睡兩個小時以上。可是到了這個時候，我反而睡得像個孩子似的安穩。」

心理上的放鬆，竟然出現了奇蹟。那些令人恐懼的憂慮漸漸消失了，裡文森的身體也恢復了。

「不到一個月，我就養好了病，回到公司。這時我已學會不再憂慮，不再為過去發生的事情後悔，也不再擔心將來了。」

自此以後，裡文森再也不像以前那樣只顧埋頭工作了，工作之餘，他便盡量抽時間參加各種社交活動，或以運動、短期旅遊來打發時間。他不僅沒有因此而感到工作的壓力，反而覺得精力充沛多了，工作起來也毫不費勁。他感到工作有了源源不斷的樂趣與活力。

裡文森的事業進展非常快，不過幾年，他已是分公司的總經理了。多年來，他負責的證券公司一直是紐約一家引人注目的公司。如果他沒有學會在工作中尋找快樂的話，裡文森絕不可能獲得這樣的成功。

職場中最可憐的一件事，就是我們在工作中拖延著不去享受快樂，我們夢想著有一天不工作了可以徹底的放鬆，而不懂得欣賞一下窗外湛藍的天空。

5. 做人有原則

成功者之所以成功，並不是因為他比別人多些什麼，而只是因為他有原則。在現代公司裡，不做錯事與做正確的事同等重要。做人有原則，可以幫你加快成功的步伐。

第一，不可透支你的承諾

在現代公司裡，信用已遠遠超出了美德的範疇，變成了事業成功的法寶。信用就是你在人生銀行的存款，你必須先存入資金，才有資格和條件使用它，如果你只想使用和受惠，不想存入資金，那是不可能的。

《敏拉波尼》雜誌的出版人鐘斯，剛開始時只是一名普通的職員，他就是靠信用樹立了他的聲譽，結果他成為一家報社的主人。

鐘斯在開始他的創業計畫時，首先向一家銀行借貸了三千美元他並不急需用的錢。他說：「我之所以貸款，是為了樹立我守信用的形象。其實我根本沒有動過這筆錢，當償還期間一到，我便立即將這三千美元錢還給了銀行。幾次以後，我就得到了這家銀行的信任，借給我的數目

從來就沒有懷才不遇

知道自己是什麼咖，成為最夯的獵才目標

也漸漸大了起來。最後一次貸款的數額是兩萬美元。我用它去發展我的業務。」

「我計畫出版一份商業方面的報紙，但辦報需要一定的經濟基礎，我估計了一下，至少需要兩萬五千美元，而我手頭上總共才五千美元，於是我再去找每次貸給我錢的那個職員。當我把我的計畫原原本本的告訴他以後，他願意貸給我兩萬美元。不過，他要我與銀行經理洽談一下。最後，這位經理同意如數借給我，還說：『我雖然對鐘斯先生並不熟悉，不過我注意到，多年以來鐘斯先生一直從我們這裡貸款，並每次都按時還清。』」就這樣，鐘斯用這筆資金走上了成功之道。

愛耶伯勞曾說過：「信用仿佛一條細線。一時斷了，想要再接起來，難上加難。」同樣，你在使用「信用」這筆銀行存款時，切記，千萬不要透支。當你的信用值為負數時，你就會成為一個真正無人理會的「窮光蛋」。

一名在德國的中國留學生，畢業時成績優異，理所當然的留在德國四處求職，拜訪過很多家大公司，全都被拒絕，他很傷心，很惱火，又沒有別的辦法，總不能餓肚子吧，狠狠心咬咬牙，收起高材生的架子，選了一家小公司去求職，心想，無論如何這次再也不會被趕出門啦！

結果呢？

小公司雖小，仍然和大公司一樣禮貌的拒絕了他。

高材生忍無可忍，終於拍案而起：「你們這是種族歧視！我要控……」

對方沒有讓他把話說完，低聲告訴他：「先生，請不要大聲說話，我們去另外的房間談談

好嗎？」

他們走進無人的房間，對方請憤怒的留學生坐下，為他送上一杯茶水，然後從資料袋裡抽出一張紙，放在他面前。留學生拿起來一看，是一份記錄，記錄他搭乘公共汽車曾經被抓過三次逃票。他很驚訝，也更加氣憤：原來就是因為這點雞毛蒜皮的事，小題大做。

可是德國抽查逃票一般被查到的機率是萬分之三，也就是說你逃一萬次票才可能被抓住三次。這位高材生居然被抓住三次逃票，難怪屢次求職遭到拒絕。

試想，一個人在蠅頭小利上都靠不住，你還能期望他在別的事情上值得信賴嗎？一旦受到金錢美女的誘惑你如何信任他不會出賣你，不會出賣公司的利益呢？一旦將銀行的錢借給他你能保證他會還回來嗎？一旦簽了合約你還能相信他會切實履行嗎？現代公司中，信用可以說是一個人的生命，失去了信用，不要說成功，連生存都可能出現困難。因此，在工作中，不管你面臨什麼情況，都要克服困難，以信用為重。失信於人，是一種只顧眼前不顧將來的短視行為，最終將一事無成。

第二，誠實和做正確的事一樣重要

誠實是做人之本，是為人處事的最高品格，也是你在公司裡能夠取得事業成功的必備品格。誠實很重要，就和做正確的事一樣重要。

一個具有誠實美德的人，能給他人以信賴感，讓人樂於接近，在贏得別人信賴的同時，又能為自己的工作和事業帶來莫大的益處。

從來就沒有懷才不遇

知道自己是什麼咖，成為最夯的獵才目標

英國一位作家哈爾頓為了編寫《英國科學家的性格和修養》而採訪達爾文。達爾文的誠實是盡人皆知的，為此，哈爾頓不客氣的直接問：「你主要缺點是什麼？」達爾文回答：「不懂數學和新的語言，缺乏理解力，不善於合乎邏輯的思維。」哈爾頓又問：「你的治學態度是什麼？」達爾文又答：「很用功，但沒有掌握學習方法。」聽過這些話的人無不為達爾文的坦率和誠實而鼓掌。

一般說來，像達爾文這樣享譽全球的大科學家，在回答問題時說幾句不痛不癢的話，甚至為自己的聲望再添光環，沒有人會產生異議。但達爾文沒有這樣做，他是誠實的，一是一，二是二，甚至把自己的缺點也毫不掩飾的袒露在別人面前。別人都為他的誠實所感動，從心底深處喜歡他，敬佩他，因為只有人品高尚的人才能做得到這一點。

事業成功的人大都比較誠實，因為他們不僅希望誠實的對待別人，更希望別人誠實的對待自己。他們知道，如果他們是誠實的，就能保證他們在順境時有人助，在逆境時有人扶。

吉姆．伯克是美國強生製藥公司的總裁。在二十世紀八零年代初期，該公司的主導產品泰萊諾爾膠囊在芝加哥被人用作了殺人工具。手段很簡單：兇手把膠囊中的醋氨酚粉劑換成了氰化物，裝瓶後再放回貨架上銷售。雖然產品本身並沒有什麼問題，但人們已經對它產生了恐懼心理和不良印象，所以銷量銳減，伯克也面臨破產的危機。

人們都為伯克擔心，怕他處理不好會使公司與消費者之間的關係更加緊張，而他自己也不可避免的成為盛怒之下的群眾的箭靶。但伯克認為，現在不是發表一篇由律師精心審查的匿名

公告的時候，也不是擔心和逃避受人責難的時候，而是要正視公憤的時候，他應當誠實的站在公眾面前，讓他們理解公司也和他們一樣是受害者的時候。

吉姆．伯克發表了誠實的談話，他對人們說：「一個擁有六十億美元資產的跨國公司，就像一個孩子多、負擔重的貧困家庭……它希望用自己的真心換取大家的真心……現在我們同坐在一艘小木筏上，隨波逐流，面臨同樣險惡而孤立無援的境地。我們應當同舟共濟共度難關。」

這些話雖然十分淺顯，但卻令人感到溫馨和感動。伯克的話竟然換來了大家的信任、合作和諒解，不僅保住了泰萊諾爾這個品牌，而且還維護了自己公司的形象，使公眾認為，吉姆．伯克就是他們的朋友。結果，這次風波過後，泰萊諾爾膠囊的銷售額不但回升到了事故前的水準，而且還超出了五十百分比。吉姆．伯克用誠實創造了奇蹟。

職場上沒有比「誠實」更強大的東西，你的誠實絕不會是你成為職場明星的阻礙，而是你的一大優勢和財富。

第三，越在公司困境之時，越要保持自己的忠誠

露寶是微軟公司總裁比爾．蓋茨的第二任女秘書。在到微軟工作時，她已經四十二歲了，並且是四個孩子的母親，而比爾．蓋茨當年才二十一歲，正是創業之初。

當露寶的丈夫知道她要去比爾．蓋茨公司上班後，就警告她，要特別留意到月底時微軟公司是否發得出薪水。而露寶沒有理會丈夫的忠告，她想一個如此年輕的董事長開辦公司，遇到的困難恐怕會很多吧。她開始以一個成熟女性特有的縝密與周到，思考自己今後在新創公司應盡的責任與義務。

比爾蓋茲通常中午到公司上班，一直工作到深夜，每週七天，都是如此。於是，關心比爾蓋茲在辦公室的起居飲食就變成了露寶日常工作的一項內容，這使得比爾蓋茲感到母性的關懷與溫暖，減少遠離家庭而帶來的不適感。

露寶在工作上也是一把好手。微軟公司離亞派克基機場只有幾分鐘的路程，所以，比爾蓋茲每次在出差前，為了工作到最後一刻，他往往在辦公室處理事情到最後一秒才開車趕往機場。這樣為了趕時間，他沿路經常超車，甚至闖紅燈。這種事多了，露寶難免為比爾蓋茲擔心，請求比爾蓋茲多留十五分鐘的時間去機場，並且由她親自督促。比爾蓋茲對露寶的執著與忠誠表示感激和無奈。

露寶把微軟公司看成了一個大家庭，她對公司的每個員工，對公司裡的工作都有一份很深的感情。很自然的，她成了公司的後勤主管，負責發放工資、記帳、接訂單、採購、列印檔案等事務。

露寶成了公司的靈魂，給公司帶來了凝聚力，比爾蓋茲和其他員工對露寶也有很強的依賴心理。當微軟公司決定遷往西雅圖，露寶因為丈夫在亞派克基有自己的事業不能走時，比爾蓋茲對她依依不捨，留戀不已。

三年後的一個冬夜，西雅圖的濃霧持續不散，因缺得力助手而心情鬱悶的比爾蓋茲坐在辦公室發愁，這時，一個熟悉的嗓音伴著一個熟悉的身影來到他面前：「我回來了！」

是露寶！她為了微軟公司，說服了丈夫舉家遷到西雅圖，繼續為微軟公司效力。隨著微軟帝國的建立，露寶也取得了事業上的巨大成功。

從露寶身上，我們可以看到忠誠的魅力，它是一個人的優勢和財富，它能換取別人的信任和坦誠。事實證明，你對公司越忠誠，公司就越會重用你。

在充滿競爭的現代職場上，如果一個人失去了忠誠的品質，就失去了最珍貴的東西。心態就會發生轉變，事業沒有了方向感，小事不做，大事辦不了，甚至為了一己之私不惜犧牲公司的利益，他們最終難逃被職場淘汰的厄運。

西方有句諺語說：「世界上最可靠的東西有三種，即是家犬、現金和老妻」，這句話很現實，很真實。因此，你在職場中，想贏得老闆的信任與重用，視你為心腹或常伴左右的得力助手，同時你也可分享老闆的成功果實，則建議你學習家犬的忠誠品質，相信對你會有莫大的幫助，使你在職場上一帆風順，扶搖直上。

第六種人　知恩圖報的人

面對老闆的批評，你要真誠地感謝他使你明白了自己的缺點。感恩是種一本萬利的投資，它不會使你損失任何東西，卻對你的未來有巨大的幫助。

——戴爾．卡內基

1. 以上帝的名義為他工作

如果你為一個人工作，那就以上帝名義去為他工作；如果他給你的報酬足以讓你衣食無憂，那就盡心為他工作，為他著想，支援他，支援他所代表的機構。

任何一個人，想當個人物，想做點事，肯定會受到批評、侮辱和誤解。這是必經的磨難，每一位偉人都懂得這一點。他們還懂得，偉大是無從證明的，最好的證明就是能夠含垢忍辱，無怨無悔。

工作上，如果問題出在公司一方，老闆性情乖戾，那麼你最好就去找他，誠懇的、平靜的、溫和的告訴他，他是個性情暴戾的人。向他說明，他的政策是荒謬的。然後，讓他知道改進的方式，你還可以把這些問題攬過來悄悄的去清除它們。

或者去做，或者不做，二者必居其一；要麼退出，要麼加入，你只能做出一種選擇。

如果你為一個人工作，那就以上帝名義去為他工作。

如果他給你的報酬足以讓你衣食無憂，那就盡心地工作，為他著想，支援他，支援他所代表的機構。

嚴格說來，一點點的忠誠抵得上一大堆的智慧。

如果你非要辱罵、詛咒和沒完沒了的貶損不可，那麼你為什麼不辭職呢？當你身處局外時，你可以盡情發洩。但是，我請求你，身在其中時，不要詛咒它。當你貶損它時，你身處其中，那麼你也是在貶損自己。

不僅如此，你還鬆開把自己與這個機構聯繫起來的紐帶。樹大招風，當有一天你被連根拔起，無所依附時，你甚至還不知道是怎麼一回事。那封解僱信上只會說：「合約到期了，很抱歉，我們沒有足夠的職缺」，等等。

那些失業的人我們隨處可見。跟他們聊一聊，你就會發現，他們牢騷滿腹、怨天尤人、忿忿不平。那是他們性格上的缺陷帶給他們的麻煩。他們自毀前程、自食其果。他們總是顯得格格不入，無所作為。所有的雇主都愛尋找能夠助他一臂之力的人，這些人卻在冷眼旁觀。對於那些無所作為的人、礙手礙腳的人讓其趁早離開，這是商業上的定律，基於自然的法則，獎賞只能屬於那些得力的人，為了能得到提攜，你必須具有同情之心。

只要你說三道四、陽奉陰違，說老闆是一個性情乖戾的人，說他的事業必將衰敗，那麼你對他毫無幫助。你沒必要將嫉恨升級為衝突，但是你正在步入險境，將很快被淘汰出局。

當你告訴別人說你的老闆是一個性情乖戾的人，那麼你就暴露了你就是這樣一個人；當你告訴別人說機構的政策「不可救藥」，那麼顯然你也是這樣。

2. 不可推翻你的老闆

貧窮當然不是好事，但任何人都應該明白，貧困的根本原因不應該到老闆那裡去找。就像不是每個人都是壞人一樣，也不是所有的老闆都只認錢不認其他的東西。

2. 不可推翻你的老闆

現代社會是個競爭意識非常強的社會，實現個人價值、謀求個人利益的最大化，這是無可厚非的。但是，很多人的思維卻比較片面，以為忠誠和敬業與個人利益是矛盾的，沒有認識到它們是種互補的關係。很多人對工作非常隨便，不僅工作不認真，還一心想著跳槽，在他們的思想裡，工作的本質特徵就是向老闆出賣勞動力；在他們眼裡，敬業精神是虛幻的，而忠誠不過是老闆剝削員工的手段。他們認為工作就是僅僅為了解決溫飽問題。

貧窮當然不是好事，但任何人都應該明白，貧困的根本原因不應該到老闆那裡去找。就像不是每個人都是壞人一樣，也不是所有的老闆都只認錢不認其他的東西。

每一個管理者也都明白，企業要想發展壯大，就需要有認真負責的員工；而員工們也明白，工作的目的就是為了獲取物質與精神的雙重豐收。這兩者看起來似乎是矛盾的，好像存在對立性。但實際上，它們是互補的：企業要良好發展，就要有忠誠且有能力的員工，同理，為了自己的利益，每個員工都要明白，公司的利益和自己的利益是一致的。

人是感情的動物，如果你真誠而有責任感的為老闆工作，他肯定會給你以豐厚的報酬，投之以桃，報之以李，老闆為你提供了解決生計的平臺，你就有責任、有義務支持他，為他分憂解難。

有時，你的真誠和忠心沒有被你的老闆發現，甚至視而不見，還懷疑你別有用心。在這種狀況下，你不要記恨你的老闆，更不要把他看作你的敵人，和他打對臺。這些都是不明智之舉。最要緊的是做好你的分內工作，而不要太在意老闆對你的評價。任何人都不可能十全十美，老闆也有他的不足。要相信自己，肯定自己。你只有一以貫之的做好你自己的事，才能很好的提高工作能力，增加工作經驗，還能培養你寬容的品格。

基本上，「老闆是不可靠的」說法有相當的片面之處。日久見人心，老闆也不是永遠高高在上的。但是，只有理智的處理好各式各樣的事，情誼才能維持穩定。這樣，老闆和員工才能保持和諧統一的關係。

在那些管理制度較為完善的企業裡，只有透過自己的不懈奮鬥才可能得到升遷。而在那種「只要心機才可以升遷」的工作氣氛中，公司員工一般都沒有工作的動力。相反，在那些制度健全的企業裡，工作升遷的管道很通暢，給所有的人都提供了個公平競爭的平臺；只有在這種環境裡，員工才會以公司為家，和老闆站在一起，把公司的利益看作是自己的利益。因此，要觀察老闆和員工之間是否對立，老闆的處事之道和員工的態度兩者都需要兼看。

明智的老闆從來都很器重能力強的員工，相應的，員工也會更加努力的為老闆工作。

3. 以同情的態度對待老闆

我們應該以一種普通人的眼光來看待老闆，而不要把他們當作雇主，應該同情那些以全副精力打理公司的人，他們往往下班了還在連續工作。

在這個世界上，一切都沒有變化，變化的只是每個人觀察問題的角度。凡是幫別人打過工的人都有這樣一種感覺：似乎總有做不完的事。因而認為老闆不近人情，而當有一天角色互換，你也成了老闆之時，你也會認為員工處處不積極主動。

成功法則中最重要的一條規律是：待人如己。就是說，不管做什麼事，都要站在他人的立場上思考問題。作為員工，要不時的為老闆想想；身為老闆，則應多多理解員工的苦衷，對他們多一些幫助和信任。作為一種道德法則，它可以約束人；作為一種動力，它可以改善工作環境。

當你這樣做的時候，你的善意就會無形之中表達出來，從而影響和感動包括你的老闆在內的周圍的每一個人。你將因為這份善意而得到應有的回報。任何成功都是有原因的。不管什麼事都能悉心替他人考慮，這就是你成功的原因。

為什麼人們往往可以原諒一個陌生人的失誤，卻不能理解自己的上司的過失呢？原因就在於員工和老闆之間存在著利益衝突。任何存在利益衝突的一方，同情和理解都很難生存。

在實際工作中，每一位老闆在經營企業的過程中都會碰到很多出乎意料的事情，老闆時時都面臨著公司內外的各種壓力。而他在壓力大的時候偶爾發洩一下，犯點錯誤，這是正常的。任何人都不可能達到完美，老闆也一樣。明白了這些，我們就應該以一種普通人的眼光來看待老闆，而不要把他們當作雇主，應該同情那些以全副精力打理公司的人，他們往往下班了還在連續工作。

很多年輕人認為，自己之所以得不到重用，在於老闆鼠目寸光，沒有識別人才的慧眼，而且還嫉賢妒能。他們認為在自己的老闆手下做事，不僅不能實現自己的價值，還會使自己變成庸才，遠離成功。

他們哪裡知道，每一個明智的老闆無時無刻不在搜尋有能力的員工，而對於那些只知道抱怨卻沒有真才實學的人，老闆只會解雇他們，任何一個老闆重用的都是有才能而且能夠為自己分憂解難的員工。

而事實上，很多年輕人是「以小人之心，度君子之腹」，用自己的私心揣度老闆，從而認為是老闆阻礙了自己的進一步發展。

任何老闆為了公司的利益，都會對每一個員工進行仔細的觀察，以進行多方面的考察。只有發現某些人既無工作能力，又品行惡劣的時候，老闆才會解雇他。任何人都不會拿自己的心血開玩笑，老闆之所以不重用甚至解雇那些能力不行的人，就在於他們不想拿自己一手創辦的、且一直苦心經營的事業當賭注。

在這個競爭激烈的社會，任何競爭都是人才的競爭，只有擁有大批人才，企業才能健康發展，而那些既沒才能又沒品行的人當然會被老闆置之不理。

你應該體認到，這個老闆不重用你，並不意味著所有的老闆都不看重你。你的同情和寬容將使你的心靈更美，別人也會因此而更加敬重並且相信你，這是一筆無法用金錢買到的財富。

4. 不要抱怨你的老闆

當你要抱怨或者宣洩時，最好把它留到辭職以後再宣洩。當你還是某個集體的一員時，請

4. 不要抱怨你的老闆

你不要隨便譴責它，這只會在損害你的公司形象的同時貶低你自己。

當你被某家公司聘用後，就要以自己的全副心力投入到工作中去。你要敬重你的老闆，使他在你的腦海裡完美無缺，積極以行動來回報他對你的器重。當我在替別人打工時，我一定是非常認真努力，不會粗枝大葉，更不會隨便去批評別人的缺點。

當你要抱怨或者宣洩時，最好把它留到辭職以後再宣洩。當你還是某個集體的一員時，請你不要隨便譴責它，這只會在損害你的公司形象的同時貶低你自己。

這樣長久下去，會使你和公司之間出現種種問題，一旦有大的動盪，你就會被震倒，甚至永遠都爬不起來。到了那個時候，你就可能會被告知，「現狀堪憂，很遺憾，我們沒有事做了」。

當你和一個失業者閒聊時，你會發現，他的腦中充斥的是對原來的工作的種種不滿和抱怨。這是因為，他們的興趣總是落在不利因素上，而與老闆的意見背道而馳，如此一來，兩者的溝通就成問題了。你要明白，每個老闆都在搜索能力更強的員工，因而，同樣會把不稱職的員工開除，這在任何行業都存在，是一種自然規律。

回報只會給予那些對公司有用的人。要能給他人以幫助，首先就要有同情心和寬容心。對待脾氣不好的上司，你要誠心誠意向他說明公司面臨的一些不足以及解決這些不足的方法，而千萬不能無理取鬧，對他施加壓力。那樣只會自取滅亡。

在你埋怨老闆是個頑固分子的時候，你已經把你和他放在同一行列裡了。當你揭露公司的不良之處時，表明你也和這差不多了。

把你不竭的精力奉獻到工作中吧，你的忠誠和信念將使你能夠完成他人很難做到的事情。

5. 相信並讚美你的老闆

如果你認為某個人是優秀的，你就一定可以在他身上找到你希望看到的美好和高尚；如果你以積極的心態看待他人，你將很容易發現別人積極的一面。

任何人都有他的獨特的人格品性，你可能欣賞其中的某種。萬事萬物都是一分為二，有複雜也有簡單，有好也有壞。不一而足。

「情人眼裡出西施」，如果你認為某個人是優秀的，你就一定可以在他身上找到你希望看到的美好和高尚；如果你以積極的心態看待他人，你將很容易發現別人積極的一面。

尋找缺點很容易，但是，要獲取他人的尊重或者信任，你就要善於發掘別人的優點，欣賞別人的成功。同樣，對待老闆我們也應該這樣。作為一名管理人員，老闆不可避免地要對我們的工作缺點做出批評，並經常否定我們的觀點，從而在某種程度上使我們難以對他作出真實的評價。事實上，老闆之所以為老闆，一定有他不同尋常的地方，有著我們所不具備的素養，正是這些素養使他比我們高明許多。

在現實生活中，許多人的妒忌心比較強，從而使他們的發展受到相當大的限制。成功學家的研究成功表明，扶持別人成功是提高自己勢力的最好辦法。人都有感激之情，透過你的幫助而成功的人，他一定會回報給你更多的成功機遇。同理，如果我們誠心誠意地欽佩老闆，使老闆在工作中取得了更多的成績，那麼，老闆肯定會器重你。你對他人的欣賞和讚美給他們帶來了精神上的激勵，給予他們鼓勵和支持，那麼你也將從他們那裡得到很多機會。

確實，你可能比你的老闆的頭腦聰明，但是，只要他是你的老闆，你就應該聽從他的安排，還要盡你所能發現他的優點，向他學習。如果雙方都具備這種寬容的心態，即使二者誤會很大，也會隨著時間的推移而慢慢消除，彼此諒解。

有位負責招聘的管理者曾經這樣說過：

「應徵者是否成熟，在他對以前公司的評價中最能反映出來。如果應聘者喋喋不休地否定甚至誹謗以前的老闆，我會立刻拒絕他的求職申請。」

如果你還是公司的一員，你就應該維護你的老闆的尊嚴，即使辭職以後也應該這樣。

有些求職者片面的認為，指責以前的老闆可以抬高自己，於是他們就信口雌黃，對以前的公司大肆指責，這實在是愚蠢之極。因為，沒有哪個老闆不期望自己的員工忠誠可靠，他們都極度厭惡那種隨意說三道四的人，而希望招納到忠誠的人才。

當然，對以前的企業或雇主做一些客觀的評價，這是無可厚非的。但是，如果是夾雜著個人的偏見對他人惡意中傷，那是不道德的，而且，目前的老闆也會因此對你有看法，這樣你在公司的處境就會很艱難。一些明智的公司在招聘時很謹慎，他們會全面調查求職者在以前的公司的各種表現，並據此對求職者作出判斷。

在生活中，我們也不應該在背後隨便編排別人的是非。

有一位先生，他準備和一位曾離過婚的女人舉行婚禮，一切都安排就緒，就等著去教堂了。然而，在這個關鍵時刻，他卻決定不結婚了。他的解釋是：「她常常在我面前指責她的前任丈夫，仿佛她的前夫一無是處。我想，這是不可能的。而且，如果我和她結婚，那麼，我也一定成為她指責的新目標。」

生活中有很多人，被公司解雇之後，他不僅不好好反省，而且四處訴苦，講他是如何因為遭受妒忌而被開除的。對這種人你是毫無辦法的。他從不願意反省自己的缺點，卻把被解雇的原因簡單的歸咎於公司和他人。事實上，這種人一般並無多少才華，如果他還迷戀過去，沉浸在以往的恩怨中，那待業就是他的命運。

6. 與較為優秀的老闆共事

和品格惡劣的人交往，你也會沾染到惡習，而和那些才俊之士或品德高尚的人打交道，你就可能變得更聰明、更高尚。

你將從優秀的老闆那裡獲益匪淺。

一般來說，在模仿中學到的要比以其他方法學到的東西多。你的言談舉止應該說大部分是從你周圍的人那裡學來的，而你的處世之道也有很多是從你的師長、上級那裡學的，這是無可否認的事實。向老闆學習僅僅是因為他的優秀，而不是他的老闆的身份。

有兩個人，一個叫吉姆，一個叫唐克，他們從同一所大學畢業後去一家公司面試。

首先去面試的叫吉姆，他事後很氣憤的對別人說：「我實在無法想像，那個混蛋給我開的月薪是四百美元，現在，我已經找到一份六百美元的工作。」

後面去的那個學生叫唐克，儘管薪金只有四百美元，而且他還有更多的賺錢機會，但他最終還是選擇了這個工作。他的解釋是：「任何人都不會拒絕高薪的工作，但是，透過我個人的觀察，我發現那個主管很有能力，我覺得，跟著他做一定可以學到很多東西，即使工資低也值得，以後的前途肯定很好。」

後來的結果是：吉姆當時的年薪是七千兩百美元，但現在他即使拼命工作也只能賺到八千七百五十美元；而年薪只有四千八百美元的唐克，現在輕易就能賺兩萬美元，還有紅利。

為什麼這兩個人竟有這麼大的差異？這是因為，吉姆被短期賺多少錢給蒙蔽了，而唐克卻能從長遠的打算來考慮選擇什麼工作。

很多人一直就沒有考慮這個問題：我可以從哪些人中獲得對我要從事的工作的有價值的指導？在工作中學到的本領和累積的閱歷，才是真正有價值的，才對你的未來有真正的幫助。

任何人都有機會選擇自己的老闆，我們要善於使用這個權利。你如果想有所作為，就要遵循這樣的原則：如果不能從老闆那裡學到更多的東西，或者他不能說明你抵達預定的目標，就要果斷的離開。

「近朱者赤，近墨者黑」。和品格惡劣的人交往，你也會沾染到惡習，而和那些才俊之士或品德高尚的人打交道，你就可能變得更聰明、更高尚。

以前，只有長期追隨師長學習，徒弟才能真正學到真才實學，而剛入門的藝人，他們朝思暮想的是怎樣才能與成名的藝術家共處，以觀察和模仿他們的為人處世之道。但是，世事變遷，現在這種學徒關係已經基本上瓦解了，老闆與員工之間的學習關係也因此基本上被破壞了，利益產生隔閡，兩方面的關係因此日益惡劣。在這樣的社會環境下，許多人的學習機會喪失，並形成一種惡性循環：員工不懂得向老闆學習，老闆也擔心員工把自己本領學走。

多為成功的人士做事，這樣，你就有許多和他們接觸的機會，可以從他們那裡學到很多東西。卓越者之所以卓越，在於他們的見識、品行、能力高人一等。和他們相處久了，你就會發現，在他們身上確實有著他人所沒有的許多素養。

人生最遺憾的事莫過於擁有和優秀者接觸的機會，但卻因為你的不在意而錯過了。因為，優秀人士可以激發你的生命潛能，使你的力量以幾何級數成長，使你早日抵達成功。

因此，要珍惜向老闆學習的機會。

7. 站在老闆的角度看問題

以老闆的心態工作，就可以坦然的面對老闆，因為你對公司盡了自己最大的努力；如果你以老闆的心態對待公司，不久的將來，你一定會擁有你自己的事業。

一份工作可以讓你在社會上立足。工作是你日後的事業的基石。你要明白：當你還是公司的職員時，就要一心把公司的利益放在首位，時時想著公司的利益，設身處地的為老闆著想。

這樣的話，你就會被老闆重用。

每個人都在從事兩種不同的工作：一是你正在做的工作，另外則是你真正想做的事。如果把該做的工作和想做的工作結合起來，兩者兼顧，那你不想成功都很難。你要明白，你正在為你的未來做準備，你正在學習的東西將使你可以超越自我，以至超越老闆。當機會來臨之時，就是你的成功之際。

在你可以將分內工作做好時，不要滿足，更不能得意。你要再仔細考慮考慮，目前所做的工作是否還有改良的餘地。如果你能這樣去想和做，你的工作會在無形之中得到提升。這些原來都是老闆考慮的事，但如果你能去設身處地的想想如何處理，那你不久也將成為老闆。

如果你是老闆，你是否對你今天的工作感到滿意？你要問問自己：「我有沒有全心全意的工作？」

如果你是老闆，你難道不期望員工像你那樣，以公司為重，把公司利益放在首位，積極主動的為公司工作？因此，當你的老闆對你提出上述要求時，你為什麼要拒絕？這不是很正常的嗎？

以老闆的心態對待公司，這樣，你就會成為老闆的得力助手，老闆也會因為你的忠誠而器重你。以這樣的心態工作，就可以坦然的面對老闆，因為你對公司盡了自己最大的努力。如果你以老闆的心態對待公司，不久的將來，你一定會擁有你自己的事業。

目前，許多管理嚴格的公司為了留住那些極負責任的員工，而給他們股票。實證研究表明，作為公司所有者的員工，工作更積極主動，更願意把自己的青春和熱血奉獻給公司。有句話說，當你以老闆的心態思考問題時，那麼，你已經成長為一名老闆了。

如果你能處處為老闆著想，替企業開源節流，那麼，公司也會投桃報李。當然，獎勵可能不在今天，也不在下星期，甚至明年也說不定，但是可以肯定，它一定會來，只不過其方式不一定是現金。如果你能時時為企業考慮，那麼，老闆肯定會器重你。

當然，有的時候回報與付出不成正比例，在這種狀況下，你不要怨天尤人，而要提醒自己：要把公司利益放在首位，我目前是在給公司做事情，代表的是公司的利益。

8. 把公司當作自己的產業

挑戰自己，為了成功全力以赴，並且一肩挑起失敗的責任，不管薪水是誰發的，最後分析起來，其實你的老闆就是你自己。

英特爾總裁安迪·格魯夫應邀對加州大學的伯克利分校畢業生發表演講的時候，提出以下的建議：

「不管你在哪裡工作，都別把自己當成員工——應該把公司看作自己開的一樣。事業生涯除了你自己之外，全天下沒有人可以掌控，這是你自己的事業。你每天都必須和好幾百萬人競爭，不斷提升自己的價值，精進自己的競爭優勢以及學習新知識和適應環境；並且從轉換工作以及產業當中學得新的事物——虛心求教，這樣你才能夠更上一層樓以及習得新的技巧；這樣你才不會成為失業統計資料裡頭的一分子。而且千萬要記住：從星期一開始就要啟動這樣的程式。」

至於應該怎麼做，才能夠塑造出這樣的生活狀態呢？把自己當作公司的老闆，對你所作所為的結果負起責任，並且持續不斷的尋找解決問題的方法，以及克服生產力的障礙。自然而然的，你的表現便能到達嶄新的境界，你的工作品質以及從工作所獲得的滿足感都掌握在你自己手裡，你應該要負起全部的責任。挑戰自己，為了成功全力以赴，並且一肩挑起失敗的責任。不管薪水是誰發的，最後分析起來，其實你的老闆就是你自己。

①　全心全意的投入你的工作崗位

自己的工作士氣要自己去保持，不要指望公司或是任何人會在後頭為你加油打氣，為你自己的能源寶庫注入充沛的活力，全心全力投入工作，為自己創造出獨一無二的能力，並且樂在工作的冒險歷程當中。

②　把自己視為合夥人

J．C．彭尼曾經說過：「為我工作的人都得具備成為合夥人的能力，要是沒有這樣的潛力，我寧可不要。」激勵他人完成任務，培養合作的關係，以公司的成敗為己任，為自己所屬的部門規則遠景。你個人要怎樣做才能夠削減成本，改善生產力、減少浪費、提升對客戶的服務品質，並且讓公司的工作氣氛更加和諧？

③ 迎接變革的需求

企業需要的是高性能的員工，我們必須持續不斷的自我成長，否則根本不可能在自己的專業領域上保持地位。你只有兩種選擇，第一是終生學習並保持不敗地位；第二則是成為老古董，並且被時代的洪流給拋在後頭。

把公司當作自己的產業，能夠讓你擁有更大的揮灑空間，掌握、實踐機會的同時，也能夠為成果負起責任。這是你的大好機會，能夠在自己的工作崗位上發光發亮，培養出企業家的精神，並且為付錢給你做事的人創造出一番新的局面，何樂而不努力為之呢！

慎行：不必追隨的七種老闆

靠著一些繁文縟節撐場面的傢伙，這是愚妄的世人所醉心的；淺薄的智慧讓傻瓜和聰明的人同樣受他們的欺騙，可是一經試驗，他們的水泡就爆破了。

——莎士比亞

1. 城府極深的老闆

一個心地不純正的人，即使有幾分好處，人家在稱讚他的時候，總不免帶著幾分惋惜，因為那樣的好處也就等於是邪惡的幫手。

——柏拉圖

城府極深的老闆，對不如意的事情喜歡報復，對不如意的人想辦法剷除。這樣的老闆喜怒往往不形於色，最生氣的時候卻有喜悅的假相，令你防不勝防。

總之，這種老闆絕對不會採用直接報復的手段，往往使用計謀。假如你的老闆，不幸正是陰險的人，你只能如履薄冰，兢兢業業，一切唯老闆的馬首是瞻，賣盡你的力氣，把你的智慧藏起來。

賣力容易獲得老闆的歡心，隱藏容易使老闆輕視你，輕視你自然不會防備你，輕視你也不會嫉妒你。這樣一來，可能會相安無事。可是，這種地方絕不能久留，你若想在事業上獲得發展，應該早一點另謀他處。

碰到這種情況，你除了循規蹈矩之外，還應該有意無意的提醒老闆注意你的優點。在工作中要謹小慎微，盡量不犯錯誤。如果犯了錯誤，要做到老闆指責你的時候不作申辯，免得加深老闆對你的不滿。

碰到這樣的老闆你要考慮的是，有沒有繼續替老闆效力的必要，如果老闆除了支付你薪水

慎行：不必追隨的七種老闆

1. 城府極深的老闆

以外一無是處，那你不要委屈自己，應該另謀高就。假如他在怒氣平息以後，非常重視你並且給你發揮能力的機會，那麼你無需放在心上。

所以，你應該加深對工作的認識，豐富知識面，讓老闆知道你對公司有一定的貢獻，在權衡了利弊以後，老闆就會另選代罪羔羊了。

城府較深的老闆希望僱用有能力的人替他工作，可是又怕能力強的員工功高震主。這種老闆的態度使他對下屬的行為處處掣肘，使下屬感到壓力很大。你如果有這樣一個老闆，為了安穩老闆的心，在適當的時候應該學會裝傻，以襯托出他的精明。

與這種老闆相處，要注意從以下幾個方面入手：

① 笑臉相迎

他既然笑容滿面，好像在製造一種親善的氛圍，你就應該將計就計，笑臉相迎。

在工作中經常面帶笑容，對老闆彬彬有禮，只要心裡有數就行了。不能做出戒備森嚴的樣子，免得引起老闆的警覺，採取「殺人滅口」的措施。

② 有效保護自身的利益

他在竊取你一次勞動利益之後，常常會變本加厲。

你妥協退讓只會讓老闆認為你軟弱可欺，你只能用某種方式來保護你的利益。

你應該說：「你的做法我也懂，請日後別這樣做！」老闆為了維護他在人們面前的「美好」形象，也不便亂來。

③ 保持適當距離

當這種老闆對你表示特別有好感的時候，你絕不能把心裡的話說出來，應該保持一定的距離。

2. 態度蠻橫的老闆

一個人只要有耐心進行文化方面的修養，就絕不至於蠻橫得不可教化。

——賀拉斯

態度蠻橫的老闆也不必追隨。

在現代社會中，那些態度蠻橫的老闆，喜歡攻擊別人，對權力的追求已經到了病態的地步，這使得他在行動的時候必須將這種欲望隱藏在友好面具的後面，從而令他們的心裡充滿了矛盾。

一方面，他們為了爭取獲得更大的權力，顯得迫不及待，而較少顧及到別人；另一方面，他們為強化這一目標，往往做出了誇大的行為。

當這種老闆焦慮時，會使自己變成心如鐵石的人，以為這樣一來就不害怕了。他們扮演著「大人物」的角色到了荒唐的地步。他們中的一些人還會極力抑制感情，他們認為，這些情感是軟弱的表現。這種老闆表現出野蠻與殘忍的性格特徵，他們的自我價值感已經達到了很高的程度。

而正是因為這種價值感，使得他們往往會目空一切，自以為是。他們總是表現出自己才是真正的征服者。

他們總是習慣於在公司中發號施令，若是別人在發號施令，而他們正在俯首聽命，那麼他們就會焦慮萬分。

但是，這種老闆是一些站在懸崖邊的人，他們永遠都不是好老闆。他們的一生都在非常緊張的狀態中度過，從來都沒有舒適的時刻，直至能以某種方式證明自己比別人強為止。無論性別是男是女，都很情緒化，並且以自我為中心，不喜歡當配角。他們往往自高自大，唯我獨尊，往往會強迫別人按照他們的原則行動。

雖然，這種老闆不會合夥攻擊別人，但是他們給下屬的危害已經使人畏懼。這種老闆的危害是：

喜歡排斥有能力的員工，無法和別人進行很好的合作，使得有抱負的人受到排擠；獨斷專權，經常摧毀下屬的創造性，使得下屬工作情緒低落；目光短視，不重視過程，使得業績下降，最後下屬跟著遭殃。

這種老闆不允許別人出錯，就算善意的謊言或者無意間的過失，都會使他們氣血上湧，進而攻擊別人。因為這種老闆說的話每一句都帶刺，因此使得他們的人際關係變得十分惡劣。因為掌管著大權，他們便經常把下屬當成機器人一樣支配，而不管是不是你工作職責之內的事情。這種老闆都喜歡指手畫腳，常常以教訓的口氣和別人講話。比如，下屬遞上財務報告的時候，先翻幾頁，接著像審犯人似的質問。

那麼你應該如何對付這種老闆呢？

①勇敢的說「不」

這種老闆，個性好強，總想讓下屬對自己唯唯諾諾，不允許有任何不同意見。若你為了討好這種老闆，該說「不」而不說的時候，這種老闆會更加狂妄。因此，不要畏懼，應該勇敢的說出你的想法。

②以「先禮後兵」的態度講出你的理由

這種老闆喜歡下屬唯唯諾諾，內心卻暗暗嘲笑下屬是沒有骨氣的人，因此你如果能一反慣例，以先禮後兵的態度講出你的理由，儘管老闆內心可能會感到不舒服，可是也會流露出欽佩的感覺，會認為：「他還真不好惹！」

③先聽發言，後做反擊

當這種老闆大發雷霆的時候，絕不能打斷他的話，更不能馬上加以反駁，最好的對策就是先讓他把話講完，接著再擺出反擊的姿勢進行「攻擊」。

④表達清晰，不留話柄

這種老闆腦筋都非常好，因此當你想以語焉不詳的方式躲避的時候，老闆往往會發覺，所以話語要清晰，不能讓老闆抓住任何把柄。

⑤ 語氣委婉，避免冒犯傷人

這種老闆自尊心很強，在行為舉止上要避免有不尊重他的態度。因此，講話是否委婉對於事情的發展有巨大的影響。比如在進入討論主題以前，你要先說「我不想冒犯你……」或「我了解你的意思，可是……」等客套話。或者要把自己當作成熟穩健的人，在內心把他當成無知的孩子，故意裝出順從的樣子。

除此之外，你要找對機會，讓這類老闆的錯誤指揮和想法變成事實，接著用事實告訴他一個非常簡單的道理——多聽聽別人的意見沒有壞處。

3. 擺臭架子的老闆

大人物可以戲侮聖賢，顯露他們的才華，可是在平常人就是褻瀆不敬。將官嘴裡一句一時氣憤的話，在兵士嘴裡卻是大逆不道。當權的人雖然也像平常人一樣有錯誤，可是當權的人卻可以憑仗他的權力，把自己的過失輕輕忽略過去。

——亞里斯多德

很多的老闆都愛「擺臭架子」，要討這樣的老闆歡心不難，問題就是，沒有必要盲目的拍老闆的馬屁。事實上，盡量遷就老闆，卻以不違背你個人的原則為準，就已經足夠了。服從老闆和努力工作，是每一個員工的必要條件，但沒有必要過度強迫自己去做不喜歡的事情。

這種老闆的管理作風是不受員工們歡迎的，假如你因為一些原因和條件限制，暫時無法離開工作崗位，卻又不想逆來順受，那應該怎樣做呢？

第一，極力避免正面衝突。

擺臭架子的老闆有其優點和積極面，你要發揚他的優點，盡量不與老闆發生衝突，減少內耗。

① 少些衝突，多些支持

② 盡量不說老闆有「官僚主義作風」

這種老闆最忌諱別人說他「不了解情況」，要避免與老闆發生衝突。

③ 不卑不亢

就是應該執行的執行，應該拒絕的拒絕。有的時候，你一味的服從，只會加劇老闆獨斷專行的作風。

要盡可能減少和這種老闆發生正面衝突，避免老闆形成你與他對著幹的誤解。與這種老闆相處，你應該積極的尋找時機顯示才幹，爭取獲得老闆的重視。

若你與老闆就某一問題產生分歧的時候，據理力爭是最愚蠢的辦法。你要用商量的口吻試著與老闆交談，變你的想法為老闆的，到最後讓老闆覺得：「我也是這樣想的。」取得了這種效果，才是最高明的，而且你的建議也會被老闆採納。

第二，間接的影響老闆。

這種老闆的表現欲很強，在他展現才華的時候渴望聽到人們的掌聲。你要給老闆創造「表現」的機會，讓老闆盡情表演。例如在一些不重要的會議上，正事談完以後，你要拋出話題，讓他盡情發揮。

① 有來信來訪的人，請老闆先接見

讓老闆透過不同的管道，接近下屬，了解更多的情況，這是一種內部的調查，增加老闆修正其觀點的機會。

② 向老闆多彙報以下問題

例如，任務怎樣完成的不好、出勤率不高、不合格率上升等等，利用這些問題來暗示老闆，企業的問題很多，不能太樂觀了，要深入考察一番。

③ 對老闆的正確做法表示肯定

對老闆深入細緻的做法，多多肯定與宣傳，以使老闆感到你歡迎他，好讓老闆繼續發揮其優點。

④ 抓住時機，主動向老闆提出看法

因為官僚作風的影響，老闆對問題的看法自然會有些偏頗，這時，要採用提建議的形式，來糾正老闆不妥當的地方。

第三，巧妙的說服老闆。

愛擺臭架子的老闆有一個特點，就是沒有發生問題的時候不會接受別人的意見。所以，你對老闆的批評，要在事後進行，這樣一來老闆容易接受。

某個工廠，因平時工安意識不夠，從而出現了傷亡事故。廠長因此受到了記過的處分。正在這時，有許多員工，紛紛為老闆鳴不平，認為老闆是冤枉的。

而老闆的秘書卻向老闆提出要召開一個檢討會。老闆採納了這個意見，召開了人數眾多的檢討會。老闆先作了一番檢討，接著請員工提出意見。

在大會開始的時候沒人發言，一位生產線主任帶頭進行檢討，並且提出了自己產線也有不安全的因素，人們從關懷老闆的角度出發，提出了二十多條不安全的隱患。會議開得很圓滿，老闆在總結的時候說：「我受到了處分，心裡卻沒有放心，生怕以後還有更嚴重的處分等待我。這回，二十多條隱患都提出來了，我心裡放心多了。我一定會徹底克服掉官僚主義的作風。大家的意見，對我幫助很大，我謝謝大家……」

這個領導者這才意識到，秘書以及提隱患的人都是真正關心自己的人。

第四，多做調查研究。

這種老闆的特點是不愛做調查，不了解情況，為了讓工作減少損失，你應該從本分內工作著手，多做一些調查研究，來彌補老闆掌握情況不充分的欠缺。

一位金融業的主管，命令員工們每個月儲蓄四百元，以提升儲蓄額，但是似乎效果不好，他的秘書花費了許多時間，對員工們每個月的收入、人口和開支等進行了詳細的調查，了解到五百人中僅有二十二人每個月都儲蓄四百元以上。這些人多半是幹部。他調查彙報以後，這位管理者基於實際情況，只好廢除了原來的指令。

4. 品格低劣的老闆

人在最完美的時候是動物中的佼佼者，但是，當他與法律和正義隔絕後，他便是動物中最壞的東西。

——達爾文

個人品格低劣的老闆更是靠不住的。

這種老闆的主要特點為：

① 行為怪異

他們喜歡表現自己，惹人注目，情緒帶有戲劇化色彩，但有一定的感染力。他們經常對身體吸引力很看重，表現做作，嚴重的時候裝腔作勢，以引起別人的注意。

② 具有極強的暗示性與幻想性

他們具有極強的暗示性，看重自己心中既定的公式，強迫自己執行。這種人喜歡幻想，往往把想像當作現實，當缺少足夠的現實刺激時，就利用幻想來激發內心的情緒體驗。

③　情緒易激動且狹隘

他們感情十分敏銳，情感極其豐富，熱情有餘卻穩定不足；情緒熾熱可是卻不深，所以他們的情感變化無常，經常情緒失衡。對於很小的刺激，就會有情緒激動的反應。他們嫉妒心強烈，甚至把親戚、朋友都看成自己的敵人。

④　以種種花招玩弄他人

玩弄種種花招讓別人就範，如任性、強求、欺騙等等，甚至在外表或者行為上有不適當的性挑逗者或者以自殺相威脅。他們的人際觀念很膚淺，表面上令人心動，事實上不顧別人的需要與利益。

⑤　高度的自私

不信任任何人，不允許別人走到自己的象牙塔里。喜歡別人的注意與誇獎。當他們不是別人注意的中心時，就覺得非常不舒服，嚴重的時候會攻擊他人。

他們的危險行為很多，甚至你可能還沒機會見識過他們更加使人生畏的地方。

遇到這種老闆時，應該注意：

①　避免用好奇的眼光看他

他們最討厭有人注意自己的舉止，因為你的眼光會使他全身彆扭，而有被監視的感覺，因此，碰到這種老闆時，要盡量避免以好奇的眼光看他，這是一條祕訣。

②　不可附會應答

這種老闆在自言自語的時候，千萬不可附會應答，因為平時很少有人願意理他，如果這種時候你順口應答，會讓他誤以為找到了知音，今後就會纏住你不放，經常和你交談，時間一長，危險性隨之提高。

③　多多採取迴避態度

事實證明，並不是靜靜的聽他說話就不存在危險性，假如你的表情不對，或者點頭的時間不對，這種老闆會有受辱的感覺，甚至會忽然的向你發動攻擊，因此，最好採取迴避的態度為妙。

這種老闆的行為常常是不能理喻的，不管你怎樣誠懇，他都有可能改變他的態度，忽然向你發起攻擊，所以，應該盡量避免和這種老闆來往。

這種老闆由於平時非常孤寂，因此往往會邀請自己喜歡的人一塊去外出應酬。假如你不幸碰到這種情況的時候，最好以不傷害他的自尊心為前提，委婉的加以回絕；假如萬不得已必須陪他的時候，也應尋找適當的時機，盡可能的擺脫他。

5. 心理怪異的老闆

幾隻蒼蠅咬幾口，決不能羈留一匹英勇的奔馬。

——貝多芬

心理怪異的老闆好像天生就是善於搞小團體，他們廣泛的遍佈於社會的各個角落，成為大家所熟悉的社會現象之一。

是什麼原因使得他們總想把自己和下屬們綁在一起呢？難道是他們十分關心下屬們？不是，他們是迫於無奈，因為自身過於強烈的欲望以及個人低能力形成強大反差。也就是說，是因為對自己的自卑以及對勝過自己的人的嫉妒。由於自卑，他們需要獲得說明；由於嫉賢妒能，他們希望看到比自己強的下屬遭受失敗的挫折，用下屬的犧牲來慰藉自卑。

事實上，他們很可能比別人擁有得更多。他們所表現出來的被忽略感只能說明他們的虛榮心沒有得到滿足。他們都不承認想獲得一切，可是他們的行動卻說明瞭他們想獲得一切。

在這種老闆的團體裡，能量大小也是不一樣的。這時，真正的臭味相投已經蓋過了嫉妒，自然少不了那些功利的目的，結果轉化為接近對方、討好對方的願望。他們的態度表現在工作中的很多方面，從他們那彎腰低頭的姿勢上，你一眼就能認出他們來。他們在人前點頭哈腰，耐心傾聽同類所說出的每一句話。

這種老闆的危害極大，主要有：

①　表裡不一

表面上裝得很忙，其實卻遊手好閒；餿主意非常多；善於現學現賣。

②　搞小團體打擊人

在公司裡搞小團體，有才能的人受到排斥或陷害；拉攏庸俗的人，製造「奴性」的下屬。

③　不管他人死活；貪得無厭

④　要求下屬絕對「唯命是從」

他們就像是小人國裡的國王一樣，他們最痛恨的就是小人國裡藏著不聽話的人，他們總想把每個下屬都改造成絕對聽話的下屬。假如有違反自己命令的下屬，就會唆使人把他除掉。

⑤　搶功卸責是他們的拿手好戲

在年底結算的時候，愛玩障眼法，對稍有不服的下屬，就不擇手段的制裁他們。因此，從外表上看，企業沒有任何危機，其實已經快倒閉了。

顯然他們已經很可怕了，但想要躲避他的攻擊，沒有一個好的計策是寸步難行的。

①　讓其出醜

這種老闆害怕下屬站起來堅決的反對他們，因此，面對他們要以強硬的態度進行頑強的鬥爭，假如意志不堅或者一味的迴避，就很容易變成他們欺負的對象。

這種老闆害怕在人們面前出醜，因此，對付這種老闆的時候，應該試著在眾人面前痛斥他。

值得注意的是，使用這種方法的時候，態度必須強硬，絕不能姑息遷就，因為退縮的意念會減弱你的攻勢，不僅沒有多大效果，還會受到報復。

②對其視而不見

他們最善於在下屬的背後擬訂各種作戰計畫，並且故意去招惹下屬，引誘下屬掉到陷阱裡。這時，你可以採取視而不見的方法，也就是採取精神戰術，讓這種老闆無功而返。如果你不把它當成一回事，仍然我行我素，他們根本無計可施；如果你怒髮衝冠，正好中計了。

碰到他們無關痛癢的欺負，要採取視而不見的態度，儘管這需要耐性與勇氣，不過帶來的效果卻非常顯著。

③善用其虛榮心

這種老闆的虛榮心很強，十分看重別人的眼光，甚至過分的重視，結果成天生活在緊張兮兮的氣氛下。假如你能善用他們的這種弱點，那麼這種老闆就不敢太張狂了。

6. 員工怨恨的老闆

比之武裝的敵人，我更恨穿袍的敵人。

——蒙田

第一種：吝嗇型老闆

小劉剛開始工作的時候是在一家小型電腦公司當文書秘書，老闆是一個離鄉創業的南部人。

加班沒有任何加班費，老闆對他的要求很嚴格，用過的廢紙必須翻面再用，最後存起來賣廢紙。而資源回收廠商因為賺得太少，往往會要求公司把廢紙搬到院子裡去。辦公室裡只有她一個人，她只好一次次把成捆的廢紙搬到樓下。「很重，可是這不是最關鍵的，關鍵的是我認為自己被老闆廉價利用。」當另一家公司向她投出橄欖枝以後，她馬上離開了。「聽說以前的同事都是這樣走的。」小劉說。

第二種：嫉賢妒能型老闆

這類老闆往往很有定力，然而心胸過於狹窄，聽不進去員工太多意見，對一些比自己強的員工進行打擊報復。有想法有創造力的員工無法忍受這種老闆。一部分外企和新興高科技企業的員工把這種老闆列為最不受歡迎的老闆。

三國的許攸原來是袁紹的部下，他是一名武將而且足智多謀。官渡之戰的時候，他替袁紹出謀劃策，袁紹堅決不聽，他一氣之下，來到曹營。曹操聽說許攸來了，沒有顧得上穿鞋，赤腳出門相迎，還笑道：「足下遠來，我的大事成了！」

在打敗袁紹、佔據冀州的戰鬥中，許攸立了大功，他由於自恃有功，在曹操的面前狂妄自大。有的時候，竟當著眾人的面直呼曹操的小名：「阿瞞，要是沒有我，你是得不到冀州的！」

曹操在眾人面前不好意思發作，強笑著說：「你就是不錯！」然而，內心卻已經非常嫉恨。許攸並未發覺，仍然信口開河。有一天，許攸隨曹操進了鄴城的東門，許攸對眾人說：「曹家如果不是因為我，是不可能從這個城門進出的！」

曹操實在忍耐不住了，就把他殺了。

這種老闆既承認你的能力，又生怕你替代他的位置。因此，你應該時時向他請教，滿足他的虛榮心。

第三種：任人唯親型老闆

劉守一在一家服裝廠工作。廠長是自己的遠方表叔。除了他，工廠裡的很多人也是廠長的親戚。「這種事情非常普遍。工廠裡的財務科長是廠長的小舅子，採購科長是廠長的妹夫。」他們平常在工廠裡作威作福，威風八面，員工們意見很大，因此辭職的人不在少數。有一次，廠長的小舅子因為欠下了賭債把貸款全都押上了，輸得血本無歸。工廠差點癱瘓，劉守一也離開了工廠去打工。

第四種：傲慢型老闆

傲慢型老闆對待員工總是採取一種上對下的態度，常常沉浸在自認為的重要性之中，這使得員工很難與他對話或共事。

傲慢型老闆往往在工作中比較能幹，可是因為對真正的重要性缺少清楚的認識。傲慢型老闆不太容易接受改革的想法，除非他們是新想法的宣導者。他們往往很難與員工保持密切的關係，他們的傲慢本性使得員工對他們保持距離。

第五種：無能型老闆

這種類型的老闆不能做好他負責的工作，對自己的無能常常視而不見，而且對任何可能會凸顯自己缺陷的批評方式高度的敏感。無能型老闆不認為自己必須對工作中的問題負責，他們一有困難或錯誤就立刻指責員工。

無能的老闆好像對自己的無能行為都有藉口，這種防禦方式是他們無止境的為自己尋找藉口的結果。敢作敢為的員工和很有能力的人往往被無能型老闆視為一種威脅。

第六種：多疑型老闆

人們很難與多疑的老闆共事，因為他們所想像的真實，與客觀世界中的真實情況常常不一樣。他們腦中的扭曲的想法只有他們自己能夠接受，無法被其他的人所接受。所以，員工們很難預料或解釋多疑型老闆的行為和態度。

多疑的老闆很少擁有關係密切的員工或好朋友。他們的多疑使他們不願與別人交往，而別人也非常希望能與他們保持一定的距離，以防止不必要的衝突或問題。

在多疑型老闆手下工作，會使你產生一種很苦惱的感覺。因為老闆經常會不真實的認為他與你有衝突，因此你總是花時間猜測老闆的態度，經常為自己辯解，結果影響了你的工作和晉升。

7. 畸形虛榮的老闆

虛榮是追求個人榮耀的一種欲望，它並不是根據人的品格、業績和成就，而只是根據個人的存在就想博得別人的欣賞、尊敬和仰慕的一種欲望。所以虛榮充其量不過等於一個輕浮的漂亮女人。

——歌德

有種老闆被戲稱為美女蛇，指懷有畸形虛榮心的女老闆。對於「美女蛇」來說，只要追求的努力佔據了上風以後，就會使精神生活變得緊張兮兮的。因為她們獲得權力以及優勢的目標變得十分明顯，會馬不停蹄的朝著這個目標奔馳，而她們自己已經變成了一種對更大勝利追求的工具。

這種老闆很使人頭疼，因為你不知道如何評估她們。事實上，她們懂得在犯了錯誤的時候把責任推到員工的身上。她們從來都是對的，而別人從來都是錯誤的。

由於虛榮心十分強烈，當這種老闆被人忽略的時候。她會覺得受到了奇恥大辱，她的情緒常常會轉變成對對方的嫉恨。嫉恨是一個非常古怪的性格特徵，它不僅能表現出在愛情關係，還表現在其他關係中的嫉妒。

她們通常很有幾分姿色，不是臉蛋漂亮，就是性感迷人，她們對金錢十分執著，經常開門見山的對人們說：「沒錢的女人，怎麼算是女人。」

她們覺得世上的一切事用錢都能解決，因此把姿色當成自己的本錢。她們經常參加宴會，經常出入高級的娛樂場所。她們不會單獨行動，身邊總會有幾個「情人」或者「女友」跟隨著。她們表面上裝得高雅可人，其實心地卻並不善良，不僅十分冷酷無情，而且非常奸詐陰險。為了達到貪圖富貴的目的，不惜出賣自己的肉體，把有錢或者有權勢的男人看成自己的獵物。她們經常以受害者的形象現身，進行不正當的控訴。

她們對勾引到手的男人，騙到了錢財以後，假如再也沒有利用價值了，就立刻找機會甩開他。

她對公司裡比自己還要受歡迎的女員工，則會想方設法詆毀她的名譽，以此來滿足自己的虛榮心。

她們喜歡挑起男員工間的矛盾，把男下屬當作自己的玩偶。

有一句名言叫做「唯小人與女子難養也」，這句話雖然有失公正，不過對於這種女老闆來講，卻是非常正確。

這種老闆最喜歡八面玲瓏的假面具了，因此，在眾人的面前經常和她們爭執，能夠讓她們改變態度，被迫維護她們的假面具。假如你的態度表現得不夠強硬的話，那麼她們肯定不把你瞧在眼裡，或許還會繼續對付你。

應該指出的是，使用這種方法的時候，不能有任何的差錯，不然的話會產生相反的效果，意思是說，不做則已，既然做了就要大膽的做到底。假如表現得不夠逼真的話，讓對方看出你只是在虛張聲勢，那時，她不但把你當成「無用之人」，還會盤算著怎樣展開報復行為，甚至會與那些氣味相投的人合力來圍攻你。

尾篇：最後的忠告

1. 比爾·蓋茨：優秀員工的十個準則

比爾·蓋茨時常被問及如何做一個優秀的經理，為了回答這個問題，他也思索了不止一次。但他認為另一個問題也很重要：怎樣才算是一名優秀的員工呢？

以下是比爾·蓋茨在他認為「最好、最傑出」的員工身上找到並總結出的十個共同特徵。他認為公司應盡可能的吸納並重用這些員工。

看看你是否具備了所有這十個特徵，你是不是算得上一個非常出色的員工？

第一，對自己所在公司或部門的產品具有基本的好奇心。你必須親自使用該產品。

第二，在與你的客戶交流如何使用產品時，你需要以極大的興趣和傳道士般的熱情和執著打動客戶，了解他們欣賞什麼，不喜歡什麼。

第三，當你了解了客戶的需求之後，你必須樂於思考如何讓產品更貼近並說明客戶。

前面提到的三點是緊密相連的。成功取決於你對產品、技術和客戶需求的了解與關注。

第四，作為一個獨立的員工，你必須保持與公司制定的長期計畫步調一致。員工需要關注其終身的努力方向，如提高自身及同事的能力。這種自發的動機需要培訓，但是值得花精力去考慮。

當然，管理手段也能激發主動性。如果你從事產品銷售，完成銷售指標是檢驗工作表現的一個重要手段。完成指標對銷售人員來說是一件多麼興奮的事啊！但是，若完成銷售目標和提高下月獎金及薪水是你唯一的工作動力，你也許會慢慢脫離團隊，並錯失成功發展的良機。

第五，對周圍事物具有高度洞察力的同時，你必須掌握某種專業知識和技能。

第六，你必須能非常靈活的利用那些有利於你的發展的機會。

在微軟，我們透過一系列方法為每一個人提供許多不同的工作機會。任何熱衷參與微軟管理的員工，都將被鼓勵在不同客戶服務部門工作。即使有時這對微軟意味著增加分支機搆或調去別國工作。

第七，一個好的員工會盡量學習了解公司業務運作的經濟原理，為什麼公司的業務會這樣運作？公司的業務模式是什麼？如何才能盈利？

第八，好的員工應關注競爭對手的動態。我更欣賞那些隨時注意整個市場動態的員工，他們會分析我們的競爭對手的可借鑒之處，並注意總結，避免重犯競爭對手的錯誤。

第九，好的員工善於動腦分析問題，但並不局限於分析。他們知道如何尋找潛在的平衡點，如何尋找最佳的行動時機。思考還要與實踐相結合。好的員工會合理、高效的利用時間，並會為其他部門清楚的提出建議。

第十，不要忽略了一些必須具備的美德，如誠實、有道德和刻苦。

2. 林肯：請接受我的忠告

下面這封信是美國第十六任總統亞伯拉罕．林肯寫給他的異母弟弟詹斯頓的。當時，林肯的繼母沙莉．布希．林肯住在伊利諾州卡斯縣的一個農場。她的兒子詹斯頓，一個剛愎自用、好吃懶做的人，曾和林肯一起勞動。他來信向林肯借錢，林肯回信言辭懇切的告誡他要努力工作。

親愛的詹斯頓：

我想現在不能答應你要八十美元錢的要求。每次我給你一點幫助，你就對我說，「我們現在可以相處得很好了。」但過不多久我發現你又沒錢用了。你之所以這樣，是因為你的行為上有缺點。這個缺點是什麼，我想你是知道的。你不懶，但你畢竟是一個遊手好閒的人。我懷疑自從上次見到你後，你是不是曾好好的勞動過一整天。你並不完全討厭勞動，但你不肯多做。這僅僅是因為你覺得從勞動中得不到什麼東西。

這種無所事事浪費時間的習慣正是你的困難之所在。這對你是有害的，對你的孩子們也是不利的。你必須改掉這個習慣。孩子們還有更長的生活道路，養成良好的習慣對他們更重要。他們從一開始就要保持勤勞，這要比他們從懶惰習慣中改正過來容易。

現在你需要一些現金，我的建議是，你應該去勞動，全力以赴的勞動來賺取報酬。

讓父親和孩子們照管你家裡的事——備種、耕作。你去做事，盡可能的多賺一些錢，還清你欠的債。為了保證你的勞動有一個合理的優厚報酬，我答應從今天起到明年五月一日，你用自己的勞動每賺一塊錢或抵消一塊錢的債務，我願另外給你一元。

這樣，如果你每月做工賺十元，就能從我這兒再得到十元，那麼你做工一月就淨賺二十元了。你可以明白，我並不是要你到聖・路易士或是去加州的鉛礦、金礦去；我就是要你在家鄉卡斯鎮附近做你能找到的待遇最優厚的工作。

如果你願意這樣做，不久你就會還清債務，而且你會養成一個不再負債的好習慣，這豈不更好？反之，如果我現在幫你還清了債，你明年又會照舊欠上一大筆債。你說你幾乎可以為七、八十元錢放棄你在天堂的位置，那麼你把你天堂裡位置的價值看得太不值錢了，因為我相信如果你接受我的建議，工作四、五個星期就能得到七、八十元。

你說如果我把錢借給你，你就把地抵押給我，如果你還不了錢，就把土地的所有權交給我。簡直是胡說！如果你現在有土地還活不下去，你沒有土地又怎麼活呢？你一直對我很好，我也並不想對你刻薄；相反的，如果你接受我的忠告，你會發現它對你比八八六百四十元還有價值。

你的哥哥
A・林肯

3. 湯姆．布朗溫：我沒有學會聰明

世界上很多著名的企業都把「勤勞」和「誠實」列為員工重要的美德。相反的，他們並不欣賞所謂的「小聰明」，英國人湯姆．．布朗溫找工作的經歷就告訴了我們這樣一個樸素的道理。

我天性笨拙，這一點我大學畢業時的導師威爾先生早評價過，他說我是一個勤奮的人。威爾先生最欣賞的一句話就是「勤能補拙」，他評價一個人勤奮往往就暗示了這個人可能是笨拙的，因為他常常說，勤奮的品質是上帝給笨拙的人的一種補償。我相信我就是得到上帝這種補償最多的人。

就在大學畢業這一年，我接受威爾先生的推薦到安東律師事務所應試，這是倫敦最著名的一家律師事務所，很多日後成名的大律師都是在這家事務所裡接受起初的訓練而走上成功之路的。這裡的工作以嚴格、準確和講求實效而著稱。

臨出門前，母親很正式的告誡我要學得聰明些，不要呆頭呆腦得讓人看成個傻瓜。母親說這也是父親的想法。這麼多年來，我第一次發現父親對母親的話投以贊同的微笑和點頭——平日他們總要為哪怕一個詞的細微差別辯論上半天。我吻了吻母親的前額，輕聲的說，我會做好的，請放心吧。但實際上直到我邁進事務所的大門心裡還是一片茫然：怎樣才算做得聰明呢？

來應試的人很多，他們個個看起來都很精明，我努力的讓自己面帶微笑，用眼睛去捕捉監考人員的眼神。無疑，給他們留下機靈的印象，對我是否會被錄用會有很大幫助。但這一切都毫無用處，他們個個表情嚴肅，忙著把一大堆資料分發給我們，甚至不多說一句話。

發給我們的資料是很多龐雜的原始記錄和相關案例及法規，要求我們在適當的時間裡整理出一份盡可能詳盡的案情報告，其中包括對原始記錄的分析，對相關案例的有效引證，以及對相關法規的解釋和運用。這是一種很枯燥的工作，需要耐心和細緻。威爾先生曾經為我們詳細講解過從事這種工作所需的規則，並且指出，這種工作是一個優秀律師必須出色完成的。

我周圍的人看起來都很自信，他們很快就投入到起草報告的工作中去了，我卻在翻閱這些材料時陷了進去。在我看來，原始記錄一片混亂，並且與某些案例和法規毫無關聯，需要我首先把它們一一區別，然後才能正式起草報告。時間在一分鐘一分鐘的流逝，我的工作進展得十分緩慢，我不知道要求中所說的「適當的時間」到底是指一個小時還是兩個小時，我發現如果讓我完成報告，可能至少需要一個晚上。可是周圍已經有人完成報告交卷了，他們與監考人員輕輕的交談聲幾乎使我陷入了絕望。越來越多的人交卷了，他們聚集在門外等待所有的人都完成考試後聽取事務所方面關於下一步考試的安排，當時我也認為安東事務所的考試不會只有這一項。他們一起議論考試的嗡嗡聲促使屋子裡剩下的人都加快了速度，只有我，腦子裡一遍又一遍的想著母親的忠告：要學得聰明些。可我怎麼才能聰明些？我做不下去了。

終於，屋子裡只剩下我一個人面對著只完成了三分之一的報告發呆。一個禿頂男人走過來，拿起我的報告看了一會兒，然後告訴我：你可以把材料拿回去繼續寫完它。

我抱著一大堆材料走到那一群人中間，他們看著我，眼睛裡含著嘲諷的笑意。我知道在他們看來，我是一個要把材料抱回家去完成的十足的傻瓜。

但安東事務所的考試只有這一項，這一點出乎我們的意料之外。母親對我通宵工作沒有表示過分的驚訝，她可能認為我肯定會接受她的忠告，已經足夠聰明了。我卻要不斷的克服沮喪情緒說服自己完成報告並在第二天送到事務所去。

事務所一片忙碌。禿頂男人接待了我，我自我介紹說是尼克．安東，事務所的主持人，他仔細翻閱了我的報告，然後又詢問了我的身體狀況和家庭情況。這段時間裡，我窘迫得不知所措，回答他的問話顯得語無倫次。但最後，他站起來向我伸出手，說：「祝賀你，年輕人，你是唯一被錄取的人，我們不需要聰明的摘要，我們要的是盡可能詳盡的報告。」

我興奮得快暈倒了，我想回家去告訴母親，我成功了，但我並沒有學會聰明。

4. 白領戒律十三條

國外一家著名企業老闆，針對白領階層歸納出十三條戒律，分別以一種動物或物體比喻。如果你也恰巧是公司白領，應對照並戒除之。

1. **沒有創意的鸚鵡** 只做固定的工作，不斷模仿他人，不求自我創新、自我突破，認為多做多錯、少做少錯。

2. **無法與人合作的荒野之狼** 無視他人的意見，只顧自做自的工作，離群索居。

3. **缺乏適應力的恐龍** 對環境無法適應，一有變動就顯得不知所措，受不了職位調動或輪調等工作改變。

4. **浪費金錢的流水** 成本意識很差，常常無限制任意申報交際費、交通費等，不注重生產效率。

5. **不願溝通的貝類** 有了問題不願直接溝通，總是緊閉著嘴巴，任由情勢壞下去，顯得很沒有誠意。

6. **不注重資訊彙集的白紙** 對外界不敏銳，不肯思考、判斷、分析，懶得理會「知己知彼，百戰百勝」這句名言。

7. 沒**有禮貌的海盜** 不守時，常常遲到早退，講話帶刺，不尊重他人，服裝不整，做事散漫，根本不在乎他人。

8. **缺少人緣的孤猿** 嫉妒他人，不願意向他人學習，以致在需要幫助時沒人肯伸手援助。

9. **沒有知識的小孩** 對社會問題及趨勢不關心，不肯充實專業知識，很少閱讀專業書籍及參加各種活動。

10. **不重視健康的幽靈** 不注重休閒活動，只知道一天到晚工作，常常悶悶不樂，工作情緒低落，自覺壓力太大。

11. **過於慎重消極的岩石** 不會主動工作，因此很難掌握機會，對事情悲觀，對周圍事物不關心。

12. **失去平衡的空中風箏**　缺乏多樣化的觀點，不肯接納別人的意見，單一角度想事情，視野狹小，剛愎自用。

13. **自我設限的家畜**　不肯追求成長、突破自己，抱著「努力也沒用，薪水夠用就好」的心態，人家給什麼就接受什麼。

5. 與上司相處的九個準則

每一個人都有一個直接影響他事業、健康和情緒的上司。與你的上司和睦相處，對你的身心、前途都有極大的影響。以下九條準則可供參考：

第一，學會傾聽。我們與上司交談時，往往是緊張的注意著他對自己的態度是褒是貶，構思自己應作的反應，而沒有真正聽清上司所談的問題，所以不能理解他的話裡蘊含的暗示。

當上司講話的時候，要排除一切使你緊張的意念，專心聆聽。眼睛注視著他，不要呆呆的低著頭，必要時作一點記錄。他講完以後，你可以稍稍思索片刻，也可問一兩個問題，真正弄懂其意圖。然後歸納一下上司的談話內容，表示你已明白了他的意見。切記，上司不喜歡那種思維遲鈍、需要反覆叮囑的人。

第二，辦事簡潔。時間就是生命，是管理者最寶貴的財富。辦事簡潔俐索，是工作人員的基本素養。簡潔，就是有所選擇、直截了當，十分清晰的向上司報告。

記備忘錄是個好辦法。使上司在較短時間內，明白你報告的全部內容。如果必須提交一份詳細報告，那最好就在文章前面加上內容提摘要。有影響的報告不僅反映你的寫作水準，還反映你的思考能力，故動筆之前必須深思熟慮。

第三，講究戰術。如果你要提出一個方案，就要認真的整理你的論據和理由，盡可能列出它的優勢，使上司容易接受。

如果能提出多種方案供他選擇，更是一個好辦法。你可以舉出各種方案的利弊，供他權衡。不要直接否定上司提出的建議。他可能從某種角度看問題，看到某些可取之處，也可能沒徵求你的意見。如果你認為不合適，最好用提問的方式，表示你的異議。如果你的觀點基於某些他不知道的資料或情況，效果將會更佳。

別怕向上司提供壞消息，當然要注意時間、地點、場合、方法。願意優雅的向上級告誡「國王沒穿衣服」的下屬，最終會比只曉得獻媚而使上級做出愚蠢決策的下屬境遇好得多。

第四，解決好自我問題。沒有比無法解決自己分內問題的員工更浪費老闆時間了。解決好自己面臨的困難，有助於提高你的工作技能、打開工作的局面，同時也會提高你在上司心目中的地位。

第五，維護上司的形象。良好的形象是上司經營管理的核心和靈魂。你應常向他介紹新的資訊，使他掌握自己工作領域的動態和現狀。不過，這一切應在開會之前向他彙報，讓他在會上談出來，而不是由你在開會時大聲炫耀。

當你上司形象好的時候，你的形象也就好了。

5. 與上司相處的九個準則

第六，工作積極。成功的領導者希望下屬和他一樣，都是樂觀主義者。有經驗的下屬很少使用「困難」、「危機」、「挫折」等術語，他把困難的境況稱為「挑戰」，並制訂出計畫以切實的行動迎接挑戰。

在上司面前談及你的同事時，要著眼於他們的長處，而不是短處。否則將會影響你在人際關係方面的聲譽。

第七，誠實守信。只要你的優處超過缺點，上司是會容忍你的。他們最討厭的是不可靠，沒有信譽。如果你承諾的一項工作沒有兌現，他就會懷疑你是否能守信用。如果工作中你確實難以勝任時，要儘快向他說明。雖然他會有暫時的不快，但是要比到最後失望時產生的不滿好得多。

第八，了解你的上司。對上司的背景、工作習慣、奮鬥目標及他喜歡什麼、討厭什麼等等瞭若指掌，當然於你大有好處。如果他愛好體育，那麼在他所在的運動隊伍剛剛失利後，你去請求他解決重要問題，那就是失策。一個精明能幹的上司欣賞的是能深刻的了解他，並知道他的願望和情緒的下屬。

要審慎考慮問題。如果你的上司沒有大學文憑，你也許會以為他忌妒你的碩士學位，但事實上，他也許會為自己有一個碩士當下屬而驕傲。

第九，保持適度關係。你與上司的地位是不同的，這一點心中得有數。不要使關係過度緊密，以致捲入他的私人生活之中。過分親密的關係，容易使他感到互相平等，這是冒險的舉動。

因為不同尋常的關係，會使上司過分的要求你，也會導致同事們的不信任，可能還有人暗中與你作對。任何把自己的地位建立在與上司親密關係上的人，都如同把自己紮在沙灘上一樣。

與上司保持良好的關係，是與你富有創造性、富有成效的工作相一致的，你能盡職盡責，就是為上司做了最好的事情。

尾篇：最後的忠告

5. 與上司相處的九個準則

國家圖書館出版品預行編目資料

從來就沒有懷才不遇：知道自己是什麼咖，成為最夯的獵才目標 / 蔡賢隆著 . -- 第一版 . -- 臺北市：崧燁文化，2020.08

面；　公分

POD 版

ISBN 978-986-516-452-2(平裝)

1. 職場成功法 2. 生活指導

494.35　　109012281

官網

從來就沒有懷才不遇：知道自己是什麼咖，成為最夯的獵才目標

臉書

作　　者：蔡賢隆　著

發 行 人：黃振庭

出 版 者：崧燁文化事業有限公司

發 行 者：崧燁文化事業有限公司

E-mail：sonbookservice@gmail.com

粉 絲 頁：https://www.facebook.com/sonbookss/

網　　址：https://sonbook.net/

地　　址：台北市中正區重慶南路一段六十一號八樓 815 室

Rm. 815, 8F., No.61, Sec. 1, Chongqing S. Rd., Zhongzheng Dist., Taipei City 100, Taiwan (R.O.C)

電　　話：(02)2370-3310　　傳　　真：(02) 2388-1990

總 經 銷：紅螞蟻圖書有限公司

地　　址：台北市內湖區舊宗路二段 121 巷 19 號

電　　話：02-2795-3656　　傳　　真：02-2795-4100

印　　刷：京峯彩色印刷有限公司（京峰數位）

版權聲明

本書版權為源知文化出版社所有授權崧博出版事業有限公司獨家發行電子書及繁體書繁體字版。若有其他相關權利及授權需求請與本公司聯繫。

定　　價：320 元

發行日期：2020 年 8 月第一版

◎本書以 POD 印製